MASTER THE
ART OF
Speed Painting
:DIGITAL PAINTING TECHNIQUES

スピード
ペインティング
の極意 Master the Art of Speed Painting
日本語版

Original English edition entitled "Master the Art of Speed Painting"

Master the Art of Speed Painting: Digital Painting Techniques. © 2016, 3dtotal Publishing. All rights reserved. No part of this book can be reproduced in any form or by any means, without the prior written consent of the publisher. All artwork, unless stated otherwise, is copyright © 2016 3dtotal Publishing or the featured artists. All artwork that is not copyright of 3dtotal Publishing or the featured artists is marked accordingly.

Junior editor: Debbie Cording
Proofreader: Melanie Smith
Lead designer: Imogen Williams
Designers: Aryan Pishneshin, Joe Cartwright
Cover designer: Matthew Lewis
Managing editor: Simon Morse

Original ISBN: 978-1-909414-34-1
Japanese translation rights arranged with 3DTotal.com Ltd. through Japan UNI Agency,Inc.
Japanese language edition published by Born Digital, Inc.
Copyright © 2017

■ ご注意
本書は著作権上の保護を受けています。論評目的の抜粋や引用を除いて、著作権者および出版社の承諾なしに複写することはできません。本書やその一部の複写作成は個人使用目的以外のいかなる理由であれ、著作権法違反になります。

■ 責任と保証の制限
本書の著者、編集者、翻訳者および出版社は、本書を作成するにあたり最大限の努力をしました。但し、本書の内容に関して明示、非明示に関わらず、いかなる保証も致しません。本書の内容、それによって得られた成果の利用に関して、または、その結果として生じた偶発的、間接的損傷に関して一切の責任を負いません。

■ 著作権と商標
本書の原書 Master the Art of Speed Painting は 3DTotal Publishing によって出版されました。著作権は 3DTotal Publishing が有します。また、イラストレーションの著作権は、それぞれのアーティスト、著作権者が有します。本書に記載されている製品名、会社名は、それぞれ各社の商標または登録商標です。本書では、商標を所有する会社や組織の一覧を明示すること、または商標名を記載するたびに商標記号を挿入することは、特別な場合を除き行っていません。本書は、商標名を編集上の目的だけで使用しています。商標所有者の利益は厳守されており、商標の権利を侵害する意図は全くありません。

目次

まえがき	8
はじめに	12
テクニック	15
カスタムブラシ	16
フォトバッシング	28
ギャラリー	35
2時間のペインティング	53
SF：夕暮れの探検	54
ファンタジー：偶然のアート	64
ホラー：隔離病棟	74
現実世界：歴史的景観	84
ホラー：ドゥーム・ヘッド	94
SF：太古の岸辺	100
現実世界：海の風景	108
ファンタジー：夜の嵐	118
ファンタジー：ドーム	130
ファンタジー：静寂	136

1時間のペインティング	141
SF：忘れられた探検家たち	142
SF：火星の工場	152
ファンタジー：恐怖に立ち向かう	160
SF：現代的なインテリア	170
SF：未来	176
ファンタジー：巨大遺跡	180
ファンタジー：氷の世界	184
現実世界：都会のスケッチ	188
現実世界：夜のシーン	194
ファンタジー：水路	202
30分のペインティング	207
SF：移動式ラボ	208
SF：火星のチェックポイント	212
ファンタジー：流れのままに	220
ファンタジー：パレード飛行	228
フィルム・ノワール：発砲	232
Thomas Scholesのマスタークラス	237
アーティスト	250

まえがき

スピードペインティングは「制約を受け入れること」とも言えます。そのおかげで、私たちは自由を楽しめるのです

絵を描くとき「時間」「主題」「ツール」「テクニック」に制約があっても、選択肢を絞ると、簡単に集中できるようになります。

空白のカンバスと無限の可能性は、時に、恐怖心を与えます。しかし、ブラシツールのみで「火星の魔術師」を30分ペイントするとしたら、あなたの意識はすぐにアイデアへ向かい、30分後に作品は完成していることでしょう。

私にとってスピードペインティングは**「プロのアーティストを目指すための基本演習の1つ」**です。その目的は、すべての絵を素早く完成させることではなく、**効率性・明確な思考・決断力**を学ぶことです。作業時間が30分（1時間、2時間でも同様）しかないときは、たくさんのアイデアを試す余裕がありません。つまり、[Ctrl]+ [Z]キーで何度もやり直すことはできないので、しっかりマークを描き、それを明確にします（時間は貴重です）。

じっくり洗練させる時間がない場合、オリジナルのアイデアは簡潔にしなければなりません。そのときの思考力、**ペインティングで明確かつ決定的な選択をする能力**こそが、あなたを成長させるのです。それは、どんな作品でも、最初のストロークから20時間後の最後のストロークまで継続するスキルです。

時々スピードペインティングは「初心者に急いで作品を描くことを勧めている」と非難されることもあります。しかし、急ぐと質が下がるので、急ぐことはありません。優れたスピードペインティングを作成したいなら、手を抜かずに進めてください。必ずしも素早くペイントするのではなく、上手く進めることに比重を置きましょう。初心者は時間を気にしすぎて、素早くマークを描こうとする傾向があります。でも、それではミスして修正が必要になるだけです。結局、質の低いマークの修正に時間をとられ、完成作品は台無しになるでしょう。そうやって、初心者は「正しいマークを描くことが大事なんだ」と学ぶのですが、皆さんは最初から正しいマークを描いてください。

物事を効率良く進めていくのに、スピードペインティングはうってつけの演習になるでしょう。ディテールを探求したり、アイデアを試行錯誤したりする時間があるにしても、短時間でコンセプトからアイデアを生み出し、実現する能力は重要です。クライアント向けの制作／個人制作に関わらず、私たちは頭からアイデアを取り出し、現実世界に落とし込まなければなりません。

私はアートスクール在籍中に、たくさんのスピードペインティングを実践しましたが、その大半はひどいものでした。しかし、無駄な描写で時間を無駄にしないようにアイデアを厳選し、クライアントにスケッチを見せることの大切さを知ることができました。こうした経験から、ペインティングの始め方、終わらせ方について多くを学んだのです。また長年にわたり、さまざまなテクニックも習得できました。一部のアーティストはブラシだけでほとんどの作業をこなしますが、写真を組み込んだり、[クイックシェイプツール]や、その他の補助ツールを使用するアーティストもいます。

本書では、最高峰のアーティストたちのテクニック・思考・プロセスを見ていきます。 そこでは、空白のカンバスが美しく変わっていく様子を目の当たりにすることでしょう。簡単な手順で面白い結果を得る方法や、作品を改善するための考え方・作業方法もわかります。 自分の作品に役立つ方法を見つけながら、アーティストの最高の手法を盗み、その技術を模倣してみてください。

そして、自分でもスピードペインティングを実践しましょう。仲間を作り、時計を手にして描き始めましょう。たくさん失敗するかもしれませんが、それらはすべてアイデアです。たくさんの駄作を作れば、いくつかの良作に繋がります。良作を作り続ければ、やがて、すばらしい傑作もできることでしょう。

Noah Bradley
Art Camp 創始者、
The Sin of Manのクリエイター
メルボルン、オーストラリア
www.noahbradley.com

はじめに

「スピードペインティングとは何ですか？」「どうやって習得すればよいですか？」まったくの素人や駆け出しのアーティストにとって、スピードペインティングは独自の芸術形式というよりも、目的達成の1手段（時間のかかる作品や、クライアント向けコンセプトのアイデアに素早く取り組む方法）に見えるかもしれません。

スピードペインティングは、多才なアーティストにとって、ワークフローとプロセスを開発し、完成させるための最適な手段になります。「スピード」と言っても速度がすべてというわけではありません。代わりに「**制限時間のあるペインティング**」と呼ぶほうが妥当でしょう。その趣旨は、完成までを競ったり、時間に挑んだりするのではなく、自分の時間を賢く効率的に使うことです。無作為にブラシストロークやテクスチャをペイントすることと、よく考察して組織的な構図を導きだすことは大きく異なります。

それと同時に、傑作を制作しているわけではないと覚えておきましょう。スピードペインティングとは試行錯誤の旅です。あなたはその旅で何を達成したいですか？ 自分の時間の効果的な使い方を学び、限りある時間で何をすべきか考えてください。

本書では、プロのアーティストによる素晴らしいセレクションでスピードペインティングのワークフローを紹介します。そこには、フォトバッシングを使った合成・テクスチャの追加・カスタムブラシの使用・伝統的なペインティングなど、業界で一般的に使われているアプローチやテクニックが含まれています。幅広く便利な手法のインスピレーションを得られるので、あらゆるアーティストは手早く効率的に自分のアイデア・コンセプトに落としこめるでしょう。

スピードペインティングに不正解はありません。ミスや「めちゃくちゃになること」を恐れないでください。自分のワークフローに適したものを見つけるだけで良いのです。では、早速飛び込んでみましょう。きっと楽しめます。

Debbie Cording
編集者
3dtotal Publishing

DOWNLOAD RESOURCES

上のアイコンがあるチュートリアルには付属データがあります。
詳細については、ボーンデジタルの書籍サポートページをご参照ください。
https://www.borndigital.co.jp/book/support/

© Thomas Scholes

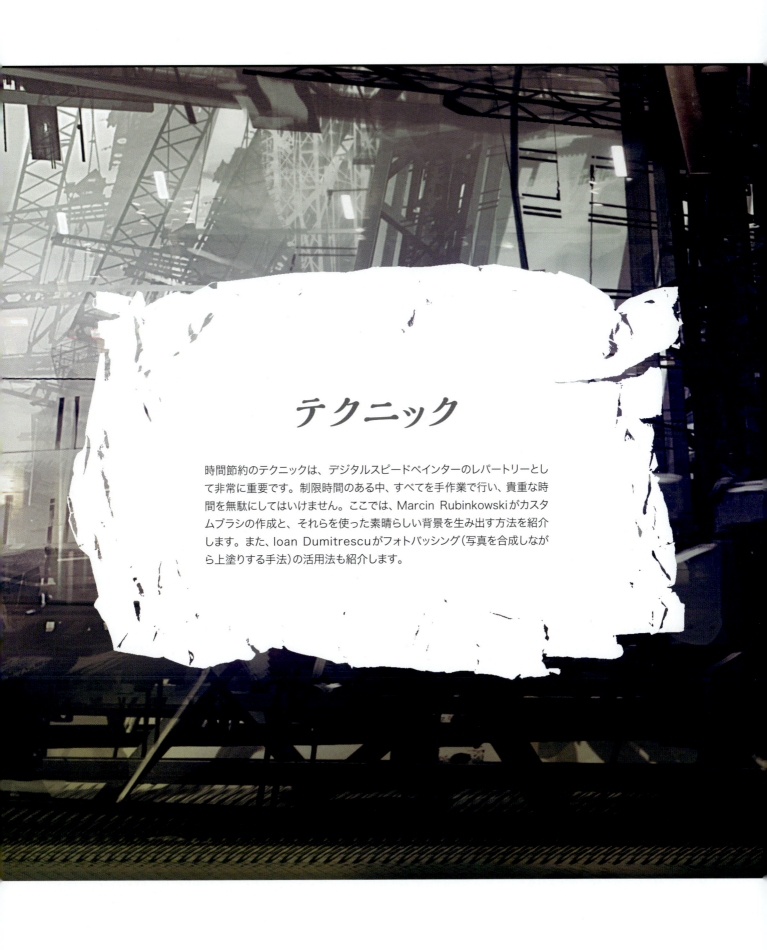

テクニック

時間節約のテクニックは、デジタルスピードペインターのレパートリーとして非常に重要です。制限時間のある中、すべてを手作業で行い、貴重な時間を無駄にしてはいけません。ここでは、Marcin Rubinkowskiがカスタムブラシの作成と、それらを使った素晴らしい背景を生み出す方法を紹介します。また、Ioan Dumitrescuがフォトバッシング（写真を合成しながら上塗りする手法）の活用法も紹介します。

カスタムブラシ

Marcin Rubinkowski

リファレンス用に妻と私が撮影した写真

01a

本章ではカスタムブラシを作成し、それらを活用して背景コンセプトアートの制作工程を見ていきます。デジタルブラシは単なるツールにすぎません。現実のブラシに比べ遥かに優れていますが、それでもただのツールです。

多くのアーティストが好みのブラシセットを持っていますが、私はウェブから「新しい」ブラシをダウンロードするのは必ずしも得策だとは思いません。より賢明な方法は、自分好みのセットを持ちながら、作品ごとにその世界観に合うカスタムブラシでセットを改善していくことです。中国建築の屋根・都市の光・石柱などからブラシを作るのも良いでしょう。本章を読み進めるにしたがい、それ以上のこともできるようになります。

今回の課題では、まずコンセプトを作り、リファレンスを収集します。次に基本マテリアルとプロジェクトに合うブラシをリファレンスから作成する方法を解説します。この方法だと題材をブラシとして試せるので、作業は捗り、プロジェクトに個人的な工夫を加える時間と機会が生まれます。これは大きな利点と言えるでしょう。柱のブラシは、必ずしも柱として使う必要はありません。ツールの使用において唯一の限界となりうるものは、ツール自体ではなく「自分自身の創造性」です。

ブラシを準備したら、同時に2つの作品を作っていきましょう。こうすると、一方の作業がいき詰まったときに、もう一方の作品に切り替えられるので、効率的に脳を休息できます。芸術的な壁やストレスから意識を解放し、楽しい気持ちと平常心を保ちましょう。

本章の全体的なパイプライン
まず写真を撮影し、それらから適切なものを選んで、カスタムブラシを作成します。このパートは白黒で実行します。私の解説とカテゴリに沿ってブラシ作成したら、ペイントを開始しましょう。それらの使い所、雑多な要素を管理する方法を解説したあと、絵に色を手早く加え、[スクリーン]レイヤーで仕上げのタッチを施します。私の指示どおりに行えば、すべて上手くいくはずです！

いずれの演習でも、3つのPSDドキュメント（①ブラシ用、②テスト／参照用、③作品）を作成します。これらを上手く活用してください。

01 適切な写真素材を選ぶ

最初のステップは、リファレンス写真の選択です。必要な要素が得られるように適切な写真を選んでください。たとえば、雑然とした奇妙な画像から、好奇心をそそる形状とテクスチャを併せ持つブラシを作成できます。もし大気を描くブラシに焦点を当てるのであれば、見栄え良い雲の形を得るため、日没の写真を使うとよいでしょう。

あとで紹介する複雑系ブラシは、ディテールと仕上げ用のシンプルなハードブラシとして使います。またソフトエアブラシ（それに類するブラシ）は、クリーンアップや距離感を出すために使います。必要に応じて、Photoshopで**[レイヤー]＞[ラスタライズ]**を行い、ベクター画像はピクセル形式に変換しておきましょう。

" ツールの使用において唯一の限界となりうるものは、ツール自体ではなく「自分自身の創造性」です "

02 ブラシ作成のルール

次の3ステップが、カスタムブラシ作成の一般的なガイドラインとなります。

まず、ブラシの見え方を確認するため、2,000×1,000ピクセルの新規ドキュメントを開きます。ブラシ作成時は白黒のみで作業しましょう。

ドキュメントを開いたら、集めた写真をペーストし、[なげなわツール]や[クイック選択ツール]で形を切り取ります。幅の広いブラシを作ってみてください。エッジに関しては、大気ブラシのみコーナーをぼかします。

写真素材を扱うときは、[レベル補正]で影の大部分を除去してください。白い部分はすべて透明になります。複雑系ブラシの作成では、あらゆるものをペイント（コピー）します。ブラシ内に突飛な形状や内容があるとよいでしょう。さまざまな種類の要素を組み込み、創造力を駆使してブラシを作ってください。そして、イメージを膨らませつつ、その使用用途を意識しましょう。全般的に、ブラシ素材はコントラストが極端でエッジがシャープなもの、内容が簡単に判別できるものにしましょう。

リファレンス用に妻と私が撮影した別の写真　**01b**

リファレンスを修正して、すべての色を削除します　**02**

■ ブラシのルール

- 白黒であること
- コントラストが極端であること
- エッジがシャープであること
- 白は透明になる

プロのヒント
すべてのツールを利用する

選択は自由に行いましょう。[なげなわツール][クイック選択ツール]など、すべての選択ツールを積極的に使い、[Alt]や[Shift]キーを組み合わせて適切な結果を導いてください。[Ctrl]＋[Z]キーは選択ツールでも使えるので、失敗しても大丈夫です。

テクニック

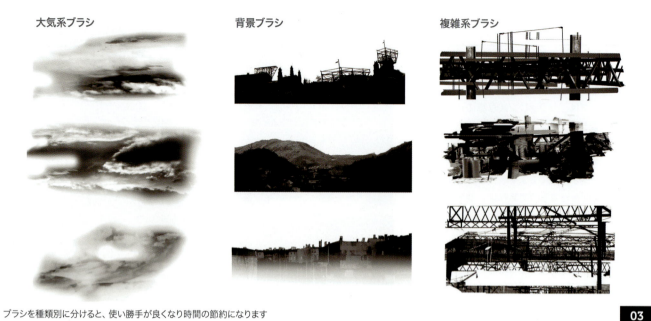

| 大気系ブラシ | 背景ブラシ | 複雑系ブラシ |

ブラシを種類別に分けると、使い勝手が良くなり時間の節約になります　　03

退屈な水平線は避けて、面白い形を見つけましょう　　04a

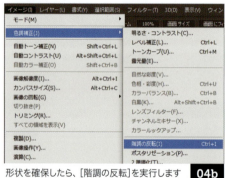

形状を確保したら、[階調の反転]を実行します　　04b

03 ブラシの種類

ブラシの種類を、大気系ブラシ・背景(bg)ブラシ・複雑系ブラシに分けます。私は複雑系ブラシを[デュアルブラシ]オプションと組み合わせて(ステップ09を参照)、面白い形状とテクスチャを表現しています。こうすれば時間の節約になり、自分の描きやすい領域から外れた新しい要素を生み出すこともできます。

写真素材を選んだら、さっそくブラシ制作を始めましょう。それぞれの種類で最大3つのブラシを作っていきます(※完成ファイルはダウンロードデータを参照)。

04 大気系ブラシ

内容が判別可能でハードエッジの少ない(もしくはまったく無い)「大気系ブラシ」を作りましょう。まず、雲状のテクスチャのみ大きく切り抜きます。退屈な水平線を避け、面白い雲の螺旋や模様を捉えることに集中します(図04a)。

雲を用意できたら、[色調補正]>[露光量]もしくは[レベル補正]を選び、ガンマとコントラストを上げます。次に[色調補正]>[階調の反転]を実行します(図04b)。このタイミングでブラシのプリセットを保存しましょう。小さいサイズの楕円ブラシや円ブラシを少なくとも1つは作っておきます。外側のエッジはいずれもスムーズに消えなければなりません。

白黒の画像をカスタムブラシに変換するのは簡単です。新たに作成した画像を開いた状態で、**[編集]>[ブラシを定義]**をクリックすると(図04c)、新規ブラシに名前を付けるウィンドウが表れます(図04d)。[OK]を押すと、新規ブラシが登録されて使用可能になります。大抵はブラシリストの一番下にあります。

[ブラシを定義]を選択します　　04c

カスタムブラシ

ブラシに名前を付けます 04d

ブラシパネルオプションを選択します 04e

[ブラシ先端のシェイプ]を選択します 04f

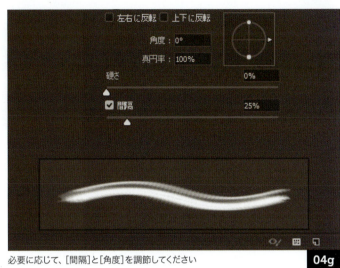
必要に応じて、[間隔]と[角度]を調節してください 04g

このブラシはスタンプとして利用できますが、まだ柔軟性はありません。そこで、ブラシツールをクリック、図04eの赤で囲まれたブラシパネルオプションを選択します。図04fのようなウィンドウが開いたら、リストを下にスクロールして新しいブラシを見つけ、クリックしてください。

[ブラシ先端のシェイプ]を選択、[間隔]と[角度]を簡単に変更して、ブラシをより使いやすくしましょう（図04g）。左のリストで別のオプションを選ぶと、ブラシをさらにカスタマイズして使用できます。

05 ブラシのテスト

ブラシがどのように見えるかをテストすることは重要です。これは別のドキュメントで行い、必要なときに参照できるようにします（図05a）。これはブラシを吟味して扱い方を見定めるために行うので、ドキュメントに一貫したものを描く必要はありません（図05b）。

ペイントを開始したあとも、ブラシの作成を続けてかまいません。パイプラインの途中でブラシを作ることもあります。

ブラシを事前にテストする時間を作りましょう 05a

あくまでリファレンスなので、ブラシをテストするときは一貫したものを描く必要はありません 05b

19

テクニック

さまざまな種類のリファレンス画像があれば、ブラシライブラリも充実します！　　06a

空がなく、シルエットがはっきりと見えるものにしてください　　06b

都市景観から便利な背景ブラシを作成できます。このブラシを使えば、地平線を作るとき大幅に時間を節約できるでしょう　　06c

06 背景ブラシ

「背景ブラシ」でも同様の手順を行います。このカテゴリでは都市景観のシルエットのほか、山・野原などの面白い風景の写真を探します（図06a）。これらを最終的にブラシにする際は、平坦で水平な長方形になるように努めましょう。

これらの背景では空をなくし、シルエットがはっきりと見えるものにします（図06b）。左右の端に大きな形状を置かず、上の両角も空けておきましょう。こうしておけば、遠方の都市景観や水平に配置されたオブジェクトがいずれも上手く機能します。後の段階で情報をさらに追加するので、シルエットの中に要素を入れ過ぎないよう心がけてください。

3つめの画像は、ソフトエアブラシで都市景観の下部を消し、風景と混ざりやすくしています（図06c）。ステップ04の手順に沿ってブラシを作成し、それらをテストしてください。

プロのヒント
さらにブラシを作る

ペイントした各要素から新しいブラシを作ることも可能です。コピーしたい部分を選択範囲で囲み、[Ctrl]+[Shift]+[C]キーで[結合部分をコピー]、新規ドキュメントにペーストします。

07 複雑系ブラシ

「複雑系ブラシ」の作成ではシルエットがわかりやすく、濃い影や極端なコントラストのない写真を使います。では、複雑な要素からいくつかの形状を選びましょう(**図07a**)。

少なくとも1つのブラシは、長方形・正方形など幾何学的な形に収めるよう努め、残りは自身で考案するとよいでしょう。できるだけ大きな被写体のある画像ソースを選びます。それらはテクスチャを含むの巨大なフォームとして使うことになるので、高品質で明確なエッジがあるものにします(**図07b**)。

では、自分自身のセットを作ってください。このときブラシの題材が被らないようにします。複雑系ブラシでは、ほぼ白黒の読み取りやすいシルエットにすることを心がけ、適切な効果が得られるように[レベル補正]や[トーンカーブ]で色調補正するとよいでしょう(**図07c**)。再びステップ04の手順でブラシを作成し、それらをテストします。

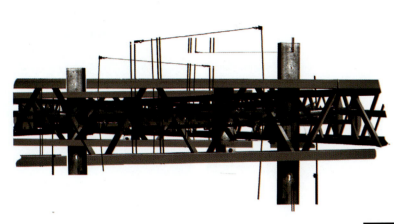

わかりやすいシルエットの写真を選びます　　07a

できるだけ大きな被写体の素材を選びます　　07b

面白い形状を作るために、大胆に混ぜ合わせます　　07c

テクニック

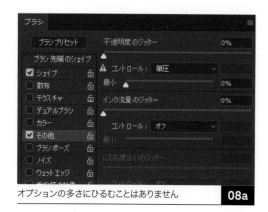

オプションの多さにひるむことはありません　08a

ブラシ設定を試すのは楽しい作業です　08b

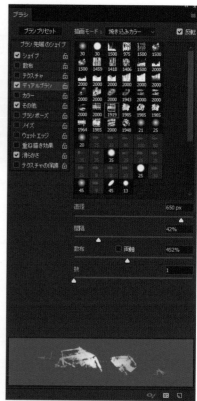

[デュアルブラシ]で時間を節約します　09

08 高度なブラシ設定
ペンタブレットやソフトウェアの使い方は自由ですが、ここでは[シェイプ]＞[ブラシを投影]をオン、[その他]＞[筆圧]に変更しましょう（図08a）。ブラシサイズは、[[]と[]]キー（またはペンタブレットのホイール）で変更できます。スタイラスのボタンは[Alt]キーに設定し、もう1つボタンがあるなら、右マウスボタンをお勧めします。これでブラシに手早くアクセスできます。私は通常、[間隔]を10%に設定しますが、ペイント中に時々変えています。すべての設定と同様に、この操作もブラシパネルで行います。

ブラシ設定を模索するときは（特に[間隔]オプション）、楽しむことが大事です。各オプションを使えば、特定の状況で時間の節約につながり、必要なものが得られるでしょう（図08b）。[消しゴム]はソフトエアブラシに設定します。

09 創造的なデュアルブラシ
時間の節約になる創造的な手法を紹介しましょう。複雑系ブラシの[デュアルブラシ]（セカンダリブラシ）に背景ブラシを選択し、比較的大きなサイズで組み合わせます。大胆にミックスしたら、忘れずに新規ブラシとして保存しましょう。アーティストはツールに任せることが時々あり、[デュアルブラシ]はそのような用途に適しています。両方のブラシを大きなサイズで使った場合、性能の低いマシンだと重くなりますが、オプションを変更すれば、高性能ワークステーションがなくとも楽しめるでしょう。

10 ペイントに取り組む上でのルール
では、作成したカスタムブラシでペイントを始めるため、新規ドキュメントを開きましょう（※完成したブラシはダウンロードできます）。課題が進展するにしたがい、解像度を高めていってください。今回は、2つのワイドショットで進めるため、最初に黒い枠線を設けます。

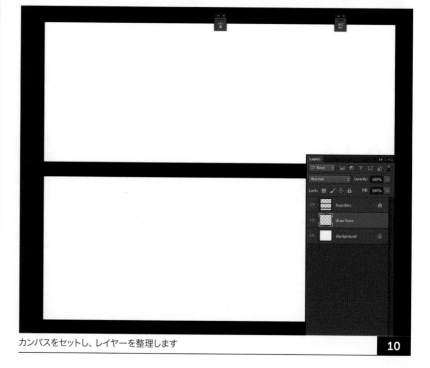

カンバスをセットし、レイヤーを整理します　10

枠レイヤーを他のレイヤーの上に置いてロックしたら、下にあるレイヤーにペイントしていきます。それぞれの絵を別レイヤーに整理してもしなくてもかまいません。それはユーザー次第なので、現時点ではどちらでも大丈夫です。適切なペインティングルーチンを持つことは大事ですが、自分を制限するものは一切不要です。純粋にペインティングを楽しみましょう。少なくともいくつかの楽しめる工程を持ち、自分のスキルと直感を活かせる場所を知っておいてください。

11 白黒から始める

作成したブラシを活用するため、初期段階は白黒の構図から始めます。背景ブラシを1つ選び、薄いグレーの色調で魅力的な背景を作ります。雑然としないよう心がけ、回転したり伸ばしたりして、作業を楽しんでください。地平線は、建築家の視点で考えてみましょう。明るい明度のエアブラシで後景を描くと、他の要素から遠く離れているルックになります。ただし、すべての要素を明るくし過ぎないように注意して、後景の領域を占める色調を選択します。細かい部分まで作り込まないようにしてください。

12 ブラシの創造性を解き放つ

新規レイヤーを開きます。この段階ではズームアウトした状態で構図を大まかに決めましょう。最初は、より大きな形状と複雑系ブラシを使います（回転させたり、さまざまな [間隔] を試します）。こうして、風景のコンセプトで最も重要な2つのパート、中景と後景の関係を構築していきます。前景は最後です（ステップ16を参照）。

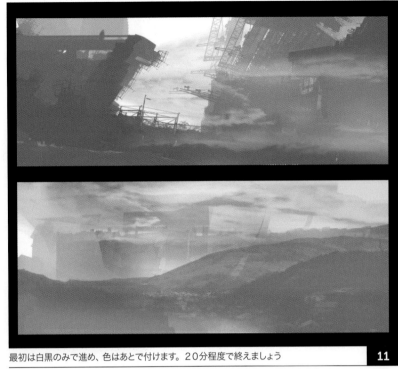

最初は白黒のみで進め、色はあとで付けます。20分程度で終えましょう

お楽しみはここからです。どんどん進めましょう！

テクニック

13 大気系ブラシで、混乱に歯止めを!

ここからはリラックスしてエアブラシや大気系ブラシを使い、構図に奥行きを加えましょう。作品の中で、鑑賞者の視線がゆるやかになる場所を見つけ、雲や霧を追加してください。

この段階で明度のクリーンアップも行います。新規レイヤーを開いて[クイック選択ツール]や[なげなわツール]で中景を大きめに選択し、マークしたり、下部により明るい色調を加えたりして、奥行きを出します（やり過ぎに注意）。この段階では「奥行き」がキーワードです。

14 何度も繰り返す

ここまで作り上げてきた構図と内容を確認します。構図が上手くいっているかを簡単に確認するには、カンバスを水平に反転させるとよいでしょう。強力な構図は、どちら向きでも成立します。制作を続けていると、自分が作ったものに脳が慣れてくるので、新たな視点から確認することが大切です（図14a）。

ここで少しリラックスして、いくらか奥行きを加えます　13

反転して作品から少し距離をとり、脳をリフレッシュしましょう　14a

カスタムブラシ

カンバスを繰り返し反転して構図をチェック、ディテールを作ります　14b

このプロセスを少なくとも3回は行いましょう　14c

失うものは何もないので、頻繁に反転してかまいません（また、そうするべきです）。自分の脳がどれほど騙されているかがすぐにわかるでしょう。このプロセスを経ると作品が異なって見えてきます。

再び反転したら作品をよく見て、焦点が当たる部分を綿密に発展させましょう。ディテールとテクスチャは［デュアルブラシ］を使って作ります。また、自分が描きたいものをじっくりと考え、ここでいくつかのことを決定してください。少なくとも色付けに移る前に、反転して複雑系ブラシと大気系ブラシのペインティングを何度か繰り返します（図14b、c）。

15 色付け

作品に色を加えていきましょう。自分の好みに合わせて、［カラー］［オーバーレイ］、その他の描画モードを使って色付けします。運を天に任せ、すべてを統合して面白い描画モードとグラデーションで色を加える方法もあります（図15a）。そのグラデーションを［オーバーレイ］で管理したり、［トーンカーブ］で効果の度合いを補正してください。

自分のルーチンに飽きてきたら、頭脳労働を時々行うことで、新たなインスピレーションが得られるかもしれません。たとえば、作業方法を変えるのも1つの手です（例：イメージに色を加える方法を変えてみる）。最終的に賢く色を選択をしてください（図15b）。

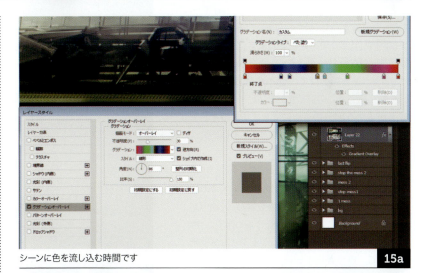

シーンに色を流し込む時間です　15a

色付けする際は、賢く色を選びましょう　15b

25

テクニック

16 前景

ここで、焦点が当たる部分をすべてチェックし、前景との関係を考える必要があります。「それらは希望どおりに機能していますか？」「鑑賞者の視線はこの風景の中でどのように導かれますか？」前景を使って構図を明確にし、さらにストーリーを伝えていきましょう。

前景は、ほぼ100％のブラックの複雑系ブラシでペイントすることをお勧めします。このとき作品内で、前景が主体とならないよう心がけましょう。焦点が当たる部分に合わせて、時には前景をぼかします。このテクニックによって、ストーリーへの没入感が増します。

17 ライトを楽しむ

焦点が当たる部分を強調するため、都市の光を使いましょう。まず、都市の写真をレイヤースタックの最上位にコピー、描画モードを[スクリーン]や[比較(明)]に設定します。次に[レベル補正]（[Ctrl]＋[L]キー）に進み、スライダでコントラストを上げて、都市の光のみを表示します。続けてこのレイヤーをコピー・縮小し、焦点が当たる部分の近くに置きます。ライトを上手く使い、シーンを生き生きとさせましょう。

18 仕上げ

パイプラインの全工程を終えたら、すべてのレイヤーを統合してさまざまな色を試し、[トーンカーブ]で自分に合った効果を作成します。特定の要素には[スマートシャープ]フィルターを適用して、焦点が当たる領域をより豊かに表現しましょう。

時には小さなキャラクターのシルエットを加えるのも効果的です。奇妙に見えたとしても、シーンに含まれる要素のスケール感やサイズ感が伝わります。また、全体がわかりやすくなり、鑑賞者の目線にもなります。この段階で魅力的なディテールを加え、最後の修正を行いましょう。

このチュートリアルの狙いは、カスタムブラシとデュアルブラシを自由に模索しながら作成すること、そして最初から最後までわかりやすい制作プロセスを提案することです。これは1つの演習に過ぎないと心に留め、たくさんのブラシを作成してみてください。自分自身に課題を課し、アートの知識が足りない領域を模索するように努めましょう。インスピレーションを得ながら、必要であればここに示したワークフローも取り入れて制作に挑んでみてください。

焦点が当たる部分をチェックしましょう。作品のどこになりますか？　16

光のリファレンス画像を活用して、焦点と躍動感を作品に加えましょう　17

繰り返しになりますが、ルールに従いながらも、これらは訓練であることを念頭におきましょう。失敗したり、間違った操作をしても気にする必要はありません。

アーティストとして成功したいのであれば、特定の課題に対処できるよう、こうした類の演習を繰り返し行い、独自の手法を見つけなければなりません。脳をよく鍛錬し、気持ちの高揚を保つことが理想的です。常に楽しむように努めましょう。新しい手法を探り、新しいテクニックを試し、それらをパイプラインと組み合わせることに時間を費やしてください。

カスタムブラシ

フォトバッシング

Ioan Dumitrescu

「フォトバッシング」とは、写真素材を使ってイメージに素早くテクスチャとエフェクトを加えるテクニックです。ここでは、Photoshopの日常的な制作プロセス（特に迅速なコンセプト開発）で使う基本ツールをいくつか紹介しましょう。武器デザインを開発しながら、これらのテクニックを作業フローに取り入れます。アイデアが発展し現実に基づくほど、デザインは豊かになるでしょう。

私はPhotoshopの標準インタフェースを使用します（個人的にカスタマイズする必要性を感じません）。使用ツールは［編集］メニューで割り当てたキーボードショートカットで呼び出します。

武器デザインは、側面から始めるのが最適です。そうすれば全体のシルエットが表れ、プロポーションと機能を確認できます。最初は基本となる形状が必要なので、選択ツールで綺麗に抜き取りましょう。フリーフォームの［なげなわツール］、もしくは［多角形選択ツール］が便利です！

01 形状を作る

形状を作り、［塗りつぶしツール］で色を塗ります。［長方形選択ツール］で希望どおりに調整しましょう（図01a、b）。私は追加と削除を行いながら、見栄えの良いルック＆フィールを見つけていきます。

02 リファレンス

次は、この形状に必要な情報をペイントして、武器に真実味を与えましょう。ここではリファレンスライブラリが役立ちます。自分で写真を撮影する、あるいはインターネットで必要な画像を探します（著作権に注意しましょう）。

自分が望む形状の輪郭を作成します　　01a

武器を側面からのシルエットとして見ると簡単です　　01b

今回のリファレンス画像　　02

実際の銃に含まれるデザインをパーツとして加えるのは避けてください。それでは本来の目的が失われてしまいます。新しい要素を流し込んで可能性を探り、作業を楽しみましょう！

今回はリモートマイクロ監視カメラの写真（図02）を使います。硬いプラスチックのマテリアルがぴったりで面白い形状もあります。これはリアルで魅力的なルックを生み出すのに役立つでしょう。リファレンスの撮影にはGoProをお勧めします。強い画角のゆがみによって、沢山のアイデアがひらめいてくることでしょう！

> " 実際の銃に含まれるデザインをパーツとして加えるのは避けてください。それでは本来の目的が失われてしまいます "

03 選択と変形

武器デザインに写真のパーツを適用して、コンセプトを強化しましょう。[長方形選択ツール]などの選択ツールと[Shift]キーを使って、好きなだけ選択範囲を増やせます！今回はテクニカルな面をできるだけ多く紹介したいので、最後まで写真のみを使って進めます。

まずデザインに集中できるように、[色相・彩度]の[彩度]を0に設定します。これによってすべての色がグレーに変わり、明暗のみが残ります。好みの形状をいくつか選択し、それぞれを個別に新規レイヤーに配置したら、然るべき位置になるように変形させましょう（図03a）。

[自由変形]を選択、右クリックメニューで[ゆがみ][自由な形に][ワープ]を多用し、写真から選択した要素を武器の形状に配置していきましょう。この時点で、具体的なものを作らないように心がけてください。[Ctrl]キーを押したままコントロールポイントをクリックすると、個別に移動して、さらに微妙な操作を行えます。また、[自由変形]コマンドで形状を回転させたり、垂直／水平に反転させることもできます（図03b）。

リファレンス写真の選択範囲をイメージに追加します　03a

[ゆがみ][自由な形に][ワープ]ツールで、写真から選択したものを配置します　03b

テクニック

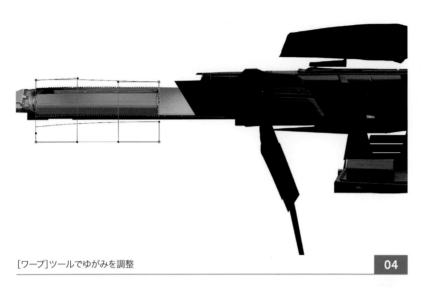

[ワープ]ツールでゆがみを調整　　04

銃身をシンプルな形状で追加　　05

銃にグレーを加えます　　06a

04 ゆがみの修正
前述のように、ゆがみは時に面白みのある新しいアイデアのきっかけになります。しかし、場所によってはいくつかの要素を真っ直ぐなまま残したいので、修正する必要が出てきます。[自由変形]を実行したあと、[ワープ]ツールのコントロールポイントで曲線のバランスを調整し、直線にしてください。

05 銃身
銃身はあとでディテールを作り込めるので、シンプルな形状として配置しておきます。最初に長方形のボックスから開始し、それを八角形が伸びているような側面の輪郭に変更します。長さが足りないときは、その一部を選択、[自由変形]で横に引き伸ばしましょう。

06 ライティングとトーンカーブ
写真素材を貼り付けながら、黒い空間をもっと「グレー」で埋める必要があると感じました。ブラシで選択範囲を作り、空間をまんべんなく埋めていきましょう(**図06a**)。

銃の形状を描き出すにはライティングが必要です。スタジオ照明のようなトップライトとフィルライトの効果を追加していきましょう。この効果はグレーの部分に表れるので、[トーンカーブ]でグレーを調節し、形状を浮き上がらせます(**図06b**)!

簡単に言えば、[トーンカーブ]とは最も明るい部分と最も暗い部分をコントロールするツールです。[トーンカーブ]ウィンドウでは、右上のコントロールポイントで白から始まる明度を、左下のコントロールポイントで黒を管理します。これらを上下(または左右)に動かして、ちょうど中間値(50%のグレー)に設定できます。

作品をチェックする最適な方法は、自分自身に問いかけることです。「自分がやりたいことは何か?」「このイメージを明るくしたいのか?」と。この銃の場合、角ばった部分に暗さを維持する必要があります。白のコントロールポイントを左の暗い方向に動かして明るくし、最も暗い部分はそのままにしておきます(**図06c**)。自由に動かしてみれば、すぐに習得できるでしょう!

[トーンカーブ]で色を変えることもできます。RGBの代わりに、調整したいチャンネルを選んでみましょう。

フォトバッシング

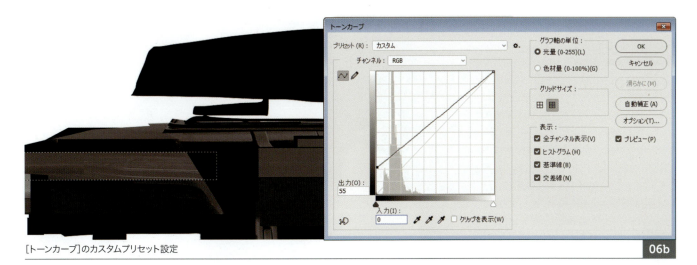

[トーンカーブ]のカスタムプリセット設定 　06b

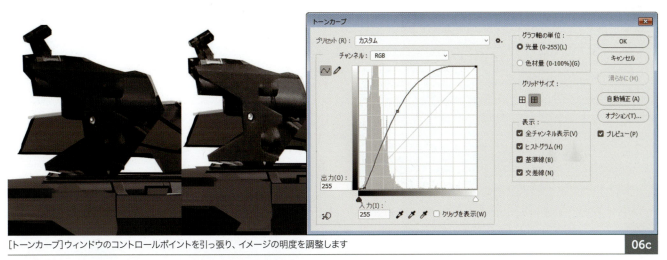

[トーンカーブ]ウィンドウのコントロールポイントを引っ張り、イメージの明度を調整します 　06c

プリセットを使うと時間の節約になるので便利です 　07

07 グラデーション

写真を全体に貼り付けて、初期の黒い形状を埋めるとベースが簡単にでき上がります。このベース上で見栄えの良い形状を選択し、明確にしていきましょう。また、背景も薄いグレーで塗りつぶしておきましょう。あまり白が強すぎると、コントラストによって銃が暗く見えてしまいます。奥行きを表現するときは、グラデーションが便利です。

[グラデーションエディター]でプリセットの1つを選択し、コントロールをいろいろ試してみましょう。まず、グラデーションラインの下をクリック、好きなだけコントロールポイントを追加します。これでカラー／明暗のタイプを自由に変更できます。最終的にPhotoshopはプレビューボックスに表示されたとおりのグラデーションを生成します。好きな方向に沿ってクリック&ドラッグし、グラデーションを作成してみましょう（今回は垂直）。

31

テクニック

08 形状の編集

お気に入りの選択テクニックで、シンプルな選択範囲から複雑な形状を手早く作成しましょう。

まず、銃に追加したストラットなど、編集したいパーツを [なげなわツール] で選択 (立体的な形状を考慮します)。いくつかの単純なボルト部分には手を加えずそのままにします。選択範囲がある状態で、[Alt] キーを押したまま [楕円形選択ツール] をドラッグして正円を作成し、ツールを離すと選択範囲から円が切り抜かれます。では、[グラデーションツール] に切り替え、完全に塗りつぶさない透明のプリセットを適用して、形状の内側 (尖った領域) の明度をソフトにします。不透明度を10～20%に下げてもよいでしょう (図08a)。

三脚台の支柱にはゴムのハンドルが付いていますが、明暗の度合いがいまいちだと感じました。[トーンカーブ] でどのように修正できるでしょうか? まず、[Q] キーを押してマスクモードにします。これで選択領域を確認できます。この丸みを帯びたパーツのみに効果を与えたいので、選択範囲に段階的な濃淡が必要です。標準のソフトブラシを選び、マスク上でペイントしましょう (図08b)。白は選択範囲を拡張し、黒は縮小します。中間調を使ったり、筆圧のみで調節することも可能です。

再び [Q] キーを押してマスクモードを解除すると、修正を行うための選択範囲が残った状態になります。[トーンカーブ] でハイライトを下げて、ハンドルに存在感を出しましょう。

09 ディテールの作り込み

ここまで紹介したさまざまなテクニックを使ってそれぞれの写真を統合し、表現したい明るさを作成しましょう。より上手く馴染ませるには、選択範囲を特定の明度で塗りつぶします。

画像を統合する方法はもう1つあります。それが「描画モード」です。私は通常、描画した色の下にあるすべてのものを明るくする [比較 (明)]、あるいは逆の効果になる [比較 (暗)] を使います。下のイメージがより明るい、もしくは暗いと、これらの各レイヤーから影響を受けません。角ばった部分に影とオクルージョンを付けるには、[比較 (暗)] を使います。これで各パーツの真実味が増し、互いに上手く落ち着きます。ソフトブラシやグラデーションを使うと、さまざまな部分でオクルージョンを表現できるでしょう。

[グラデーションツール]で角ばった形状を修正します 08a

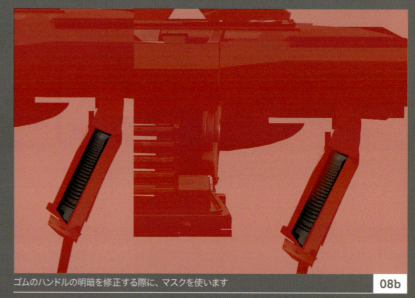

ゴムのハンドルの明暗を修正する際に、マスクを使います 08b

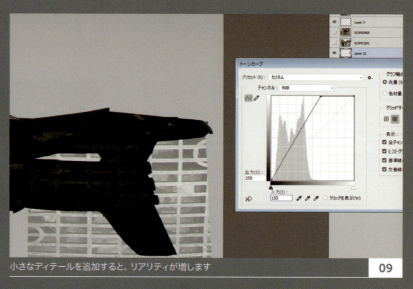

小さなディテールを追加すると、リアリティが増します 09

写真を使ってさらにディテールを追加しましょう。銃に網のテクスチャを重ねて、描画モードを試してください。今回の最適な選択は［オーバーレイ］でした。［トーンカーブ］でコントラストを上げ、暗い部分と明るい部分がより引き立つように調整し、［自由変形］と［ワープ］で配置して、パースを修正します。

銃のみにテクスチャを適用します（背景には不要です）。これを行うには、レイヤーパネルでレイヤーの間を［Alt］+クリック、テクスチャを銃のレイヤーにクリップしましょう（［Alt］キーを押すと、折れた矢印が表示されます）。これで銃はマスクとして機能するので、テクスチャが銃の形状内に上手く収まります。

10 仕上げ

機械製品のディテールを素早く組込むには、ボルトやナットのような小さい幾何学形状を作るとよいでしょう。通常、［楕円形選択ツール］や［長方形選択ツール］を使います。銃の各パーツに選択範囲を作成したら、**［編集］＞［境界線を描く］**を選び、［カラー］と［幅］を指定します。これで微小なディテールができ上がり、銃に説得力とリアリティが出てきます。

では他の色を付けていきましょう。私は光学照準器の電子光や銃の安全装置にペイントします。選択範囲をそれぞれの色で塗りつぶし、［覆い焼きカラー］レイヤーを追加して引き立たせてください。ここで、銃をオレンジや黄の系統色にしてプロトタイプの感じを出してみます。まず、新規レイヤーを作成し、［カラー］モードに変更します。続けて、オレンジがかった中間色の茶色でカンバス全体を塗りつぶし、銃の選択範囲を使ってマスクを追加します。このマスクによって、色の不要な領域を除外します。最終ディテールを仕上げ、いくつかの形状をもう少し統合させ、引き締めたら完成です。

ギャラリー

世界中のアーティストたちが作成した素晴らしいスピードペインティングを集めました。ここには「未来都市のコンセプト」から「幻想的な風景」までさまざまなジャンル・テーマ・スタイルがあります。これらの作品から美しさを発見し、インスピレーションを受け取れることを願っています。

Dragon Temple - ドラゴン テンプル
Stephanie Cost
© Stephanie Cost

Jungle - ジャングル
Katy Grierson
© Katy Grierson

Stinky - 嫌な臭い
Marcin Rubinkowski
© Marcin Rubinkowski

Ghost Sea - ゴースト シー
Massimo Porcella
© Massimo Porcella

Le Réveil - 目覚め
Florian Aupetit
© Florian Aupetit

La Petite Cuisine - 小さなキッチン
Florian Aupetit
© Florian Aupetit

Rio - リオ
Danilo Lombardo
© Danilo Lombardo

Alaska - アラスカ
Danilo Lombardo
© Danilo Lombardo

Cyber City - サイバーシティ
Massimo Porcella
© Massimo Porcella

Kepler 186f - ケプラー186f
Marcin Rubinkowski
© Marcin Rubinkowski

Siptsrasi
Marcin Rubinkowski
© Marcin Rubinkowski

Breathing of the Forest - 森の息吹
Wadim Kashin
© 3dtotal

Docks - ドック
Massimo Porcella
© Massimo Porcella

Bloop - 音波
Ian Jun Wei Chiew
© Ian Jun Wei Chiew

この空がシーンをより魅力的なものに変えてくれます　写真提供：Noah Bradley (https://gumroad.com/noahbradley)　02

写真提供：Efflam Mercier (https://gumroad.com/efflam)　03

03 日没の明かり

新しい空を配置したら、日没の明かりの強さとコントラストを高めましょう。 ここではシンプルに標準ブラシで、黄色がかったオレンジの明かりを水平線付近と雲の下にペイントします。

他にも著作権フリーの写真が見つかるウェブサイトにEfflam MercierのGumroadページ (https://gumroad.com/efflam) があります。 私は小川の写真を使って、現在のビーチ付近にある干潟を変更しました。 こうすることで、変形をわずかに抑えつつ、構図を改良できます。

2時間のペインティング

ダウンロードページで入手できるカスタムシェイプ

04

建物のシルエットが絵にSFの雰囲気をもたらしてくれます。そして、水面に反射光を追加する良いタイミングです

05

04 カスタムシェイプ

私は建物を追加するときに、カスタムシェイプをよく使います（※ダウンロードデータを参照）。これはとても便利なツールですが、多くのアーティストはその存在をよく忘れています（シンプルで素早く、そして楽しいツールです）。カスタムシェイプは、デザインやスピードペインティングで大幅な時間短縮につながります。また、インスピレーションが湧いてこない日には、代わりに使うこともできるでしょう。ハードブラシで抽象的なシェイプを描き、それをコピー・繰り返し・上書き・変形していろいろ試したら、実際に自分自身のアートに取り入れてみてください。

05 建築の要素

建築は全体のスタイル・形状を定義する上で重要です。カスタムシェイプを使ったり、元の写真から色を拾ったりして、様式化した建物のシルエットを追加しましょう。夕景を強調しつつ構図の一部にしたいので、シェイプの配置を慎重に考慮します。私は空の色を元に［覆い焼きカラー］で前景の水面に反射光を加えました。

SF：夕暮れの探検

画像提供：Noah Bradley (https://gumroad.com/noahbradley)　　06a

> " この工業的なデザインのテクスチャによって、それまでの自然の雰囲気が大きく緩和されます "

06 前景の構造
Noah Bradleyのオーストラリアの写真をもう1枚使ってみたところ、ストライプ状のトタン屋根がパースを強めるとわかりました（図06a）。サイズを変更して配置すると、未来のオブジェクトの最適な土台になります。この工業的なデザインのテクスチャによって、それまでの自然の雰囲気が大きく緩和されます（図06b）。適切な写真を選択すれば、明度の調整はほとんど必要ありません！

工業的な要素を追加して、人工的な雰囲気を強めます　　06b

57

2時間のペインティング

写真を使えば、人工的な明かりとテクスチャを素早く追加できます　07

クリッピングマスクを使えば、編集中でもその効果を確認できます　08

建物と同じカスタムシェイプを90度回転させると、スペースシップのシルエットになります　09

平面的なストロークを少し加え、スペースシップの初期の外観をはっきりさせます　10

07 建物に活気を添える
建物に活気を添えるのは、制作プロセスで最も重要な手順の1つです。都市の夜景を使い、[クイック選択ツール]でさまざまなパーツを選択しましょう（このツールは意図していない部分を選択することがあるので、面白いフォームを作成できます）。その選択範囲を建物のレイヤーの上に配置したら、[比較（明）] [覆い焼きカラー] [スクリーン] などの描画モードでさまざまなライトを浮かび上がらせ、味気ない建物のシルエットを盛り上げましょう。

[なげなわツール]とソフトブラシで形状をより明確にします。他の要素にもライトをコピーし、部分的に追加／削除して、真実味を加えます。

08 テクスチャの追加
建物の基本デザインを終えたら、その構造にテクスチャを加えましょう。スピードペインティングでは、ディテールレベルをあまり気にしません。では、ステップ06と同じトタン屋根のテクスチャを中央にそびえる建物に追加します。このようにテクスチャを繰り返し使用すると、全体のスタイルに一貫性を持たせることができます。

抽出・拡大縮小・変形したテクスチャを建物レイヤーの上に配置し、[比較（明）]描画モードに切り替え、クリッピングマスクを実行します。

09 スペースシップの追加
カスタムシェイプを使って、人目を引く魅力あふれるスペースシップのシルエットを考案しましょう。まず、ステップ06で配置した格子柄の屋根をガイドに、パースに合わせることに集中します。スペースシップにも建物と同じカスタムシェイプを使って、視覚言語に一貫性を持たせてください。

> " テクスチャを繰り返し使用すると、全体のスタイルに一貫性を持たせることができます "

10 シルエットにボリュームを追加
時間をかけてスペースシップにブラシストロークを加え、ボリュームを表現します。このとき、胴体にある重要なパーツをペイントしておきましょう。私はこのシルエットから、航空力学を基にした丸みのある流線形スタイルを想定しました。そこで、ストロークをさらに加え、機械類・チューブ・エンジン部の後方につながるワイヤを描き、舳先は丸みをもたせます。

SF：夕暮れの探検

最初のディテールに使用した数枚の写真には、格子・パイプ・スクリューなど使い勝手の良いディテールがたくさん詰まっています　11

スペースシップの胴体デザインには、繰り返しのテクスチャを使用します　12

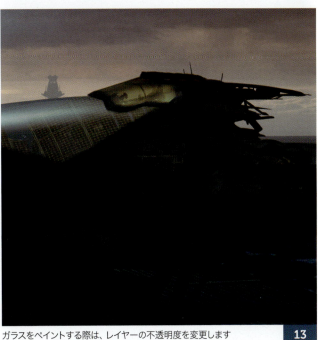

ガラスをペイントする際は、レイヤーの不透明度を変更します　13

11 最初のディテールパス
クリッピングマスクでディテールを追加していきましょう。テクスチャを移動、拡大／縮小し、鑑賞者の目を引きたい領域に抽象的で微妙なディテールを作成します。スペースシップには光が直接当たらないので、写真を追加する際は［比較（明）］レイヤーで、環境光に照らされた領域のみにハイライトを加えます。このデザインでは、色や光だけでなく各形状のサイズでも、コントラストが重要になります。大・中・小の形状でバランスを上手く取ると、絵の魅力が高まります。

12 2番めのディテールパス
ステップ11と同じ方法で写真のテクスチャをさらに追加し、拡大／縮小と回転で均一にします。配置する場所は十分考慮してください。このイメージとゆっくりブレンドさせるため、マテリアルに応じて異なるブラシでテクスチャ上をペイントしましょう。

13 さらなるディテールの追加
スペースシップにはパイロットが座るコックピットがあるので、少し時間をかけて作成しなければなりません。別レイヤーに好みのコックピットの形状を作成し、クリッピングマスクでテクスチャと色を追加しましょう。

ガラスの外観に関しては、最上位にレイヤーを作成し、不透明度を落として、下にペイントしたものを浮かび上がらせます。

2時間のペインティング

人を追加すると、スケールがより明確になります　14

強い光などのディテールは焦点を強調し、リアリズムを高めてくれます　15

14 人間との相互作用
このステップにおける人間要素の役割は、ストーリーテリングではなくスケール感を与えることです。これによって鑑賞者はスペースシップの大きさを簡単に把握できるようになります。私たちの脳は人のフォームを認識するようプログラムされているため、通常は真っ先に人をとらえます。

では、機械を操作している人の写真を見つけ、イメージに追加してみましょう。統一感を高めるため、武器や整備ツールなどをペイントするとよいでしょう。

15 焦点の強化
[覆い焼きカラー] 描画モードのソフトブラシで、スペースシップにいくつかのライトをペイントします。ディテールと目立つ領域を加えて、シーンのリアリズムを高めましょう。私は触先に暖かみのある強い光を配置し、2人のキャラクターにも焦点を当てています。反射やライトを考慮して、シーンに上手く統合させましょう。

SF：夕暮れの探検

主役のスペースシップを複製して飛行物体を加え、シーンにダイナミズムを生み出します　16

ほとんどの作業が終了したら、柔らかい光のレイヤーをすべてのレイヤーの上に追加し、全体を統一します　17

Photoshopのフィルターを調整して、映画のような雰囲気を与えましょう　18

スペースシップの周りに、夕陽から放たれるハロ（光輪）を追加しました。そして、コックピットは明るい緑でペイントし、シーン全体にある青やオレンジのアクセントにしています。

16 スペースシップの複製

このような種類のペインティングで手早くダイナミズムを生み出すには、飛行物体を追加します。今回は主役のスペースシップをいくつか複製・縮小して遠方に配置しました。これによってパースを強めています。

複製したスペースシップの明度をそれぞれ調整してください。遠くにあるスペースシップはコントラストが弱く、彩度も低くなります。さらに、ハイライトを少し加え、胴体に反射した夕陽の明かりを表現しましょう。複製したスペースシップを夕日の近くに配置すると構図が良くなり、注目を集めたい領域から視線がそれるのを防いでくれます。

17 光の調整

焦点から注意がそれてしまうようなディテールはあまり加えず、シーン全体に集中しましょう。ここで太陽光を調整して奥行きを与え、色を統一します。これにより、イメージはリアルで説得力のあるものになるでしょう。まず[覆い焼きカラー]のエアブラシで太陽の上に層を追加します。次に[散布][テクスチャ]のブラシで層を全体に追加し、空気中の粒子を表現します（これも[覆い焼きカラー]モードで行います）。

" 遠くにあるスペースシップはコントラストが弱く、彩度も低くなります "

18 仕上げのVFX

イメージをフォトリアルなルックにするため、[ぼかし]や[レンズ補正]などのPhotoshopフィルターで調整しましょう。

まず、すべてのレイヤーを統合し（[Shift]＋[Ctrl]＋[E]キー）、その上に[オーバーレイ]描画モードのレイヤーを配置します。続けて、[粒状]フィルターを適用して、色とエッジを統一します（P.167も参照ください）。

次に[レンズ補正]をわずかに施し、イメージの輪郭を暗くして、[色収差]スライダを調整します。仕上げに[虹彩絞りぼかし]を適用し、画面隅のディテールを取り除きましょう。

2時間のペインティング

19 追加の微調整
ほんの数分でも時間に余裕があれば、もう少しディテールを加えてみましょう。たとえば、主役のスペースシップの一部パーツがはっきりしていないので、微妙な線・点・形状を加えて、異なる構造を示します。この微調整をもって、作業は完了です！

プロのヒント
写真の選択

フォトバッシングでイメージを作成する際は、適した写真を見つけることが極めて重要です。まったく異なる光源を持つ写真を含めてしまうと、問題の修正に多くの時間を割くことになるでしょう。場合によっては、最終的にすべて破棄することになりかねません。

SF：夕暮れの探検

ファンタジー：偶然のアート

Jesper Friis

スピードペインティングは、予期せぬ「幸運なアクシデント」を見つけ出すための素晴らしい手段になります。通常のワークフローから外れ、気楽に構えることで思いがけない要素を発見できるでしょう。

このチュートリアルでは、興味を起こさせる楽しいテクスチャを作成するため、独創性に富んだ手法を紹介します。そして、そのテクスチャを使って鑑賞者の注意を引くような出発点を作り、ランダムな要素を取り入れ、流れに任せてペイントします。これは楽しい制作プロセスですが、成功を導く「アクシデント」はどのように作り出せばよいでしょうか？

01 退屈から生まれたアート

ある日、あまりにも退屈だったので、古いスキャナを引っ張り出し、そのガラス部分に水彩絵の具でペイントしてみました。ふたを閉じて、そこから浮かび上がるものを確認すると..

デジタルペインティングのイメージに関して、この経験が新たな出発点となりました。それ以来、私はときどき同じ方法を使って、一風変わったテクスチャを作るようになったのです。

最初は少しばかげて見えるかもしれません。しかし、じっくり1日かけてさまざまなテクスチャを作成すると、手にとって見たくなるようなデザイン、2度と再現できないようなユニークなデザインがあなたのストックに加わります。これは同時に「ペインティングの優れたベース」になり、「エフェクト」「新しいブラシ」「3Dアートのディスプレイメントマップ」にも使用できるでしょう。

私が作成したさまざまなテクスチャ

01

02 テクスチャの作成

私は長年愛用してきた古いスキャナと水で薄めたアクリル絵の具（スキャナのふたを閉めたときよく混ざるようにアクリルを使用）でテクスチャを作成します。まず、プラスチック製のショットグラスに絵の具を入れて、ストローでスキャナに配置します（**図02**）。

結果は絵の具の厚みによって大きく変化します。試行錯誤がつきものですが、それもまた楽しみの1つです！ 薄い部分をガイドにして絵の具の塗り重ねると、ある程度結果をコントロールできるでしょう。 ゆっくりと始めてその見た目を観察し、必要に応じてさらに絵の具を追加します。どろどろになってしまったら、ぬぐってやり直してください。

周りが汚れてしまうため、ビニールや新聞紙を下に敷いて作業台を保護し、使い捨てタオルをたくさん用意しておきましょう。 重要書類の作成など、他の用途で使用するスキャナは使わないでください！ スキャナの代替手段として、2枚のガラス板と高解像度のカメラを使用することもできます。

テクスチャの作成を省略したい場合は、私の作成したテクスチャをダウンロードできます（※付属のダウンロードデータ、またはhttp://friis.deviantart.com/art/jf-Texture-pack-2-581905010)。

03 ブラシのカスタマイズ

私は以前、ペイントする際にブラシストロークでちょっとした問題を抱えたことがありました。 ストロークが強すぎてまったくブレンドできなかったのです。

そこで欲しい効果を出すために、Photoshopにあるデフォルトの [Chalk]（チョーク）ブラシの1つを改良することにしました。具体的にはノイズ・色・角度のジッターをさらに加えるだけです（**図03a**）。 今回はこれらのブラシ（ソフト円）で作業を進めていきます（**図03b** ※ダウンロードデータを参照）。

> " 結果は絵の具の厚みによって大きく変化します。 試行錯誤がつきものですが、それもまた楽しみの1つです！ "

古いスキャナの上にアクリル絵の具を加えて、混ぜ合わせます　　02

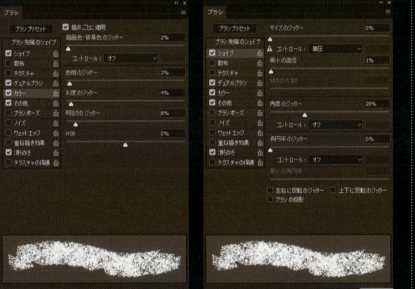

変更した[Chalk]ブラシの設定　　03a

ノイズの入った[Chalk]ブラシのストローク　　03b

2時間のペインティング

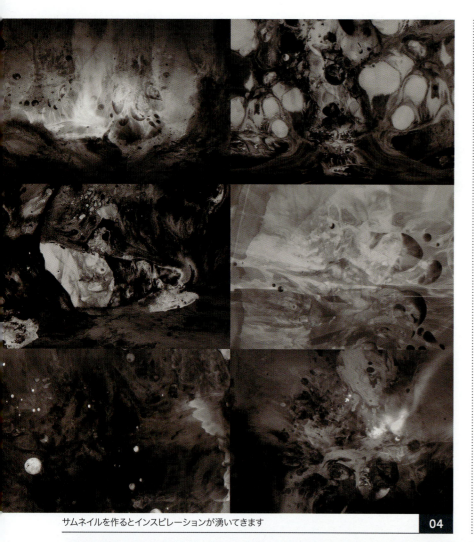

サムネイルを作るとインスピレーションが湧いてきます　04

04 サムネイル
簡単なサムネイルから始めましょう。私の場合、目安となるグリッドを使うか、サムネイルごとに新規ファイルを作成します。ここで注意しなければならないのは、1つのイメージに固執しないことです。1つのサムネイルにかける時間は数分にとどめ、描画モードを試したり、要素を動かしたりして、目を引くデザインがないか調べましょう。なければ削除して、次に進んでください。

次はグレースケールに変換して、すべてをシンプルにします。そうすることで要素を動かす際に、色やレイヤーの重なりについて思い悩む必要がなくなり、柔軟性が増します（ただし、楽しいことが起きるのは、決まって色があるときです！）。

自分にとって最適なものを見つけてください。基本的な線画や大まかな明暗のスケッチから始め、[オーバーレイ] や [乗算] 描画モードでテクスチャを作ってみましょう。今回は、テクスチャから自然にイメージを形作ります。

05 サムネイルの作成方法
作成したテクスチャの1つを出発点として選び、Photoshopにドラッグします（図05a）。心に響くもの、面白いランドマークや形状を持ったものを選んでください。ディテールが多いと「幸運なアクシデント」が起こりやすくなります。

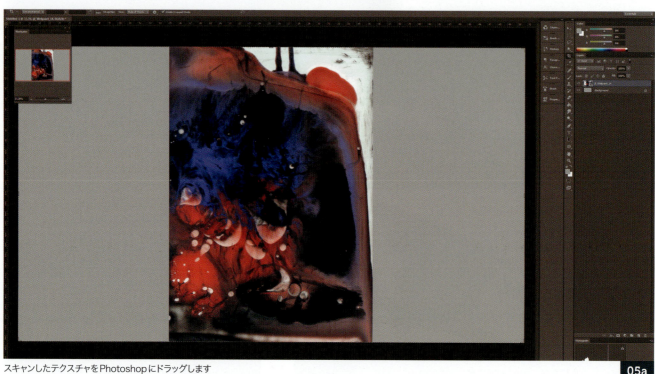

スキャンしたテクスチャをPhotoshopにドラッグします　05a

66

ファンタジー：偶然のアート

作成した調整レイヤーをすべての画像に適用します　　05b

さまざまなテクスチャを使って、サムネイルを作成します　05c

異なる色で、それぞれのテクスチャを示しています　05d

選んだテクスチャをグレースケールにするには、調整レイヤーとクリッピングマスクを使用します。[階調の反転]を適用したら[色相・彩度]で彩度を落とし、[レベル補正]でコントラストを調整しましょう。描画モードと[レベル補正]を使えば、「画像のどの部分を、どれくらい浮かび上がらせるか」をある程度コントロールできます（**図05b**）。ここで作成した調整レイヤーを、これから作成するすべてのレイヤーにコピーすれば、大幅な時間の節約になります。

" ブロックを組むようにパーツを動かして調整すれば、描きたいシーンを手早く有機的に作ることができます "

レイヤースタックに新しい画像をドラッグし、さっき作成した調整レイヤーを最初のレイヤーに適用します（[Alt]＋ドラッグ）。続けてクリッピングマスクにして（レイヤー間を[Alt]＋クリック）、さまざまな描画モードを試しましょう。私は[ハードライト]を選択しました。ドロップダウンメニューからざっと試し、各モードで変化を確認して（CC 2019以降ではライブプレビューが導入されています）、複数の画像を組み合わせます。さらに、レイヤーマスクを作成して動かし、余計な部分を除外しましょう（**図05c**）。

ブロックを組むようにパーツを動かして調整すれば、描きたいシーンを手早く有機的に作ることができます（**図05d**）。レイヤーマスクと調整レイヤーで非破壊に作業を推し進めると、プロセスの流動性を保ちつつ、変更を素早く行えますが、ファイルサイズはあっという間に増えていくので、常に気を配りましょう。満足のいくものができ上がったら、レイヤーを結合（**[Ctrl]＋[E]キー**）してください。

2時間のペインティング

ノイズの[Chalk]ブラシで画像をブレンドします　06a

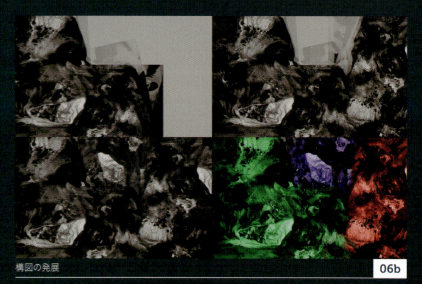

構図の発展　06b

06 ペインティング開始!
サムネイルが完成したら、ステップ03で使用したノイズの[Chalk]ブラシでペインティングを始めます。それぞれの画像をブレンドし、焦点を当てたい領域を定義しましょう（図06a）。

現在のイメージは小さすぎるので、次のステップに移る前に大きくする必要があります。前のステップで学んだブロックを組むアイデアを活かしつつ、最終的な構図を発展させ、空間を少し大きくしましょう。

まず[自由変形]で画像を縮小し、他の要素を加える空間を作ります。次にサムネイルに使っていない要素を使いましょう。レイヤーを数回コピー＆ペーストして、シーンの他の部分を構築していきます（図06b）。

また、それぞれの継ぎ目のエッジが汚いので、前のようにノイズの[Chalk]ブラシでブレンド＆ペイントします。テクスチャにある既存の形状でエッジを定義し、単調な領域を埋めてください（図06c）。

" 前のステップで学んだブロックを組むアイデアを活かしつつ、最終的な構図を発展させ、空間を少し大きくしましょう "

形状をブレンドして、定義します　06c

ファンタジー：偶然のアート

寒色の青色を追加　　07a

暖色の茶色を追加　　07b

07 色の追加

ノイズの[Chalk]ブラシを使い、新規レイヤー（[オーバーレイ]描画モード）を寒色の青色と暖色の茶色で塗りつぶします（**図07a、b**）。ブラシの[描画色・背景色のジッター]で鮮やかな色のバリエーションを作成すれば、イメージの雰囲気がより生き生きとしたものになります。

各形状を分離して、シーン上部を少し後退させます（遠くに見せます）。[なげなわツール]で対象となる領域を選択し、最も明るい部分から色を抽出して、大きなソフト円ブラシでペイントしましょう。また、ここで色のコントラストや調整も少し行います。

暗すぎる画像を明るくする際は[トーンカーブ]を調整してハイライトを加え、後景とのつながりを滑らかにします。[カラーバランス]ツールで画像に淡い青色を加えることもできます（**図07c左**）。

新規レイヤー（[オーバーレイ]描画モード）を作成して、明るい領域を暖色で塗りつぶし、シーンに躍動感をもたらします。さらにその近くの光から色を拾って、ハイライトを追加することで、前景と奥にある入口の区別を明確にできます（**図07c右**）。

[トーンカーブ]と[カラーバランス]の設定（左）、前景にハイライトを追加（右）　　07c

69

2時間のペインティング

キャラクターを追加し、スケール感を出します

08a

キャラクターによってイメージに生命が吹き込まれます

08b

ファンタジー：偶然のアート

08 ディテール
ここでは小さな箇所を修正し、全体を統一していきます。シーンに何か物足りなさを感じたなら（私はそう感じました）、この世界を探検する人間を追加しましょう。そうすればシーンにもっとスケール感が加わります。冒険者を描くときは、簡単なシルエットから始め、ディテールやハイライトを少しずつ加えて生命を吹き込んでいきましょう（図08a）。

私はいつもこの段階で、たっぷりと時間をかけてこれまでの作業を整理し、ディテールを追加します。制限時間を設けて前に進めていくのは、とても爽快です！ 光っている部分をもう少し明るくするのもよいでしょう（ステップ07のプロセスを適用します、図08b）。

" 私はいつもこの段階で、たっぷりと時間をかけてこれまでの作業を整理し、ディテールを追加します。時間制限を設けて前に進めていくのは、とても爽快です！"

71

09 最後の一考

ペインティングは完了しましたが、作業を終える前に最終調整を行いましょう。私はイメージの色が青に偏っていると感じたので、それを黄色／茶色に少し調整しました。

このチュートリアルで紹介したのは、テクスチャを使ったスピードペインティングの数ある手法の1つに過ぎません。可能性は無限に存在し、常に何か新しいものを発見できるチャンスがあります。ある意味でこれは「移り変わる雲の形」に似ているかもしれません。

インスピレーションを得るため、あるいは普段の作業の息抜きとして、この方法を楽しくリラックスして活用しましょう。自分だけのユニークなテクスチャをたくさん作成して、エキサイティングな新しいデザインを発見してください！

プロのヒント
写真の使用

他に面白い結果を作成するため、身の周りの日用品にも目を向け、いつもとは異なる方法で記録してみましょう。その一例が、種子・木の葉・金属のがらくたのマクロ写真です（デジタル一眼レフカメラのキットレンズを逆さに装着すればマクロレンズになります。要リバースアダプタ）。

また、ガラス製のキャンドルホルダーをスキャナの上で引きずると、形の整った照明効果を作り出せます。紙の上でもペイントやストロークをいろいろ試してください。絵の具を混ぜてそのまま乾燥させたり、紙やスキャナの中で潰したりしても面白い結果になるでしょう。

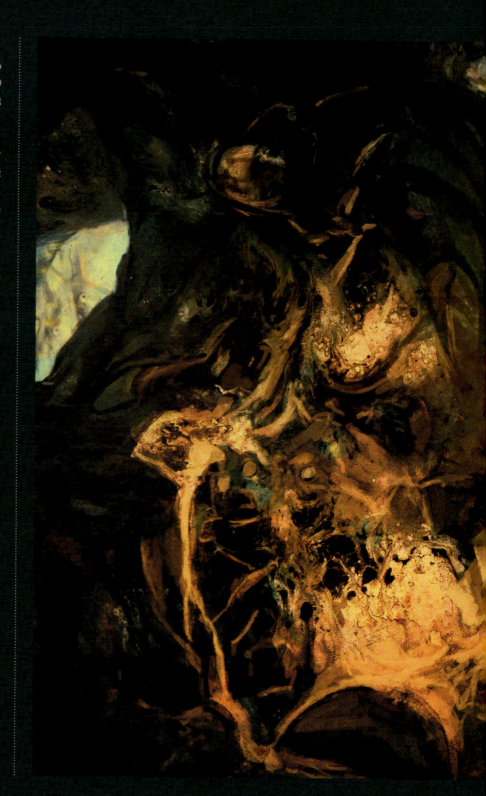

ファンタジー：偶然のアート

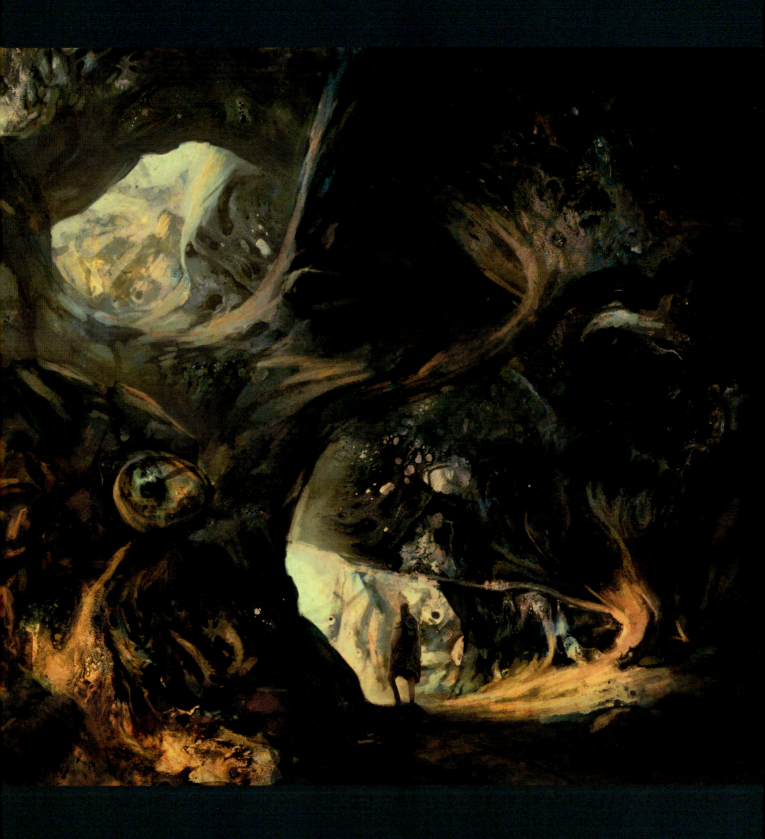

ホラー：隔離病棟

Noely Ryan

DOWNLOAD RESOURCES

2 HOUR

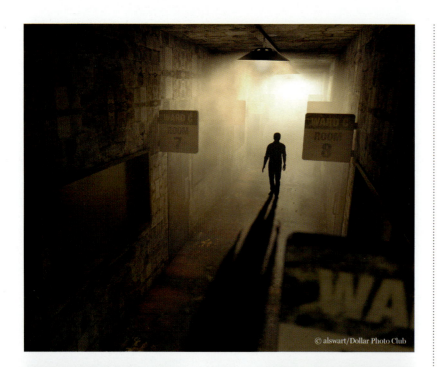

不気味な雰囲気のリファレンス画像を見つけて、作品のインスピレーションを得ましょう　　01

私のコンセプトアーティストの経験から言わせてもらうと、ディレクター・プロデューサー・クライアント・仕事仲間にアイデアやコンセプトを提示するときは、スピードが重要な要素です。研究目的のプロジェクトにおいて、同じ主題で複数の演出が要求される場合、スピードペインティングが大きな役割を果たします。

プロジェクトのタスクは「そのシーンに適した雰囲気」「エスタブリッシングショットの開始または終了地点」「1つのショットにおけるキャラクターポジションの決定」など多岐にわたります。 要求の大小に関わらず、予算が限られているときは常にスピードが鍵となるでしょう。

01 設定の選択

このチュートリアルのテーマは「ホラー」です。私の活動拠点であるここアイルランドには、幸いにもたくさんの不気味な建物や廃墟があります。中には恐ろしい歴史を持つものもあり、ホラーの舞台としてうってつけです！

すべての新規プロジェクトにおいて、リサーチは非常に重要です。 テーマに合ったリファレンス写真をできるだけ多く見つけてください。 そして、ムードのある画像も含めるようにしましょう。 私が見た画像のほとんどは、小島秀夫監督が制作した素晴らしいホラーゲーム『P.T.』のものです（作業を始める前から十分に肝を冷やすことになりました）。あらゆるホラー映画や怖い話を作品のベースにできるでしょう。 今回、舞台として選んだのは「隔離病棟」です。

ホラー：隔離病棟

簡単なサムネイルをスケッチすると、最適な構図が簡単に見つかります　02a

02 サムネイル

少し時間をかけて、典型的な隔離病棟の暗い玄関ホール・階段などのサムネイルをスケッチします（図02a）。ホラー映画やホラーゲームにあるような謎めいた雰囲気、不安を掻き立てるようなシーンを描いてみましょう。夜に明かりを消して、このような場所を想像してみてください！

最も印象深かったサムネイルは、階段の下にクリーチャーがいる構図です（図02b）。角を曲がり、戸口のある階段の下のほうに懐中電灯を向けると、突然モンスターが大きな物音を立て、追いかけてくるシーンです。

03 スケッチの発展

壁や階段の線を上手くスケッチできたら、少し時間をかけてクリーチャーを発展させます。ポーズをつけて、シーンのダイナミズムを高めましょう。

「クリーチャーが出入り口に走ってきて、壁をつかんでバランスを取り、階段を駆け上ろうとしている場面」を作成していきます。クリーチャーは主な焦点になるので、この段階でたっぷり時間を使って発展させておけば、仕上げが楽になります。

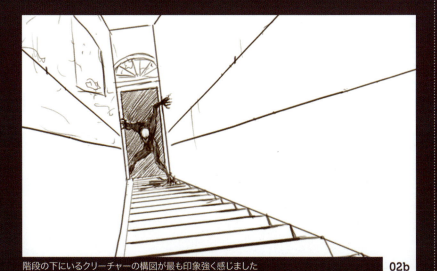

階段の下にいるクリーチャーの構図が最も印象強く感じました　02b

クリーチャーは最初に目にする要素なので、時間をかけて発展させましょう　03

75

2時間のペインティング

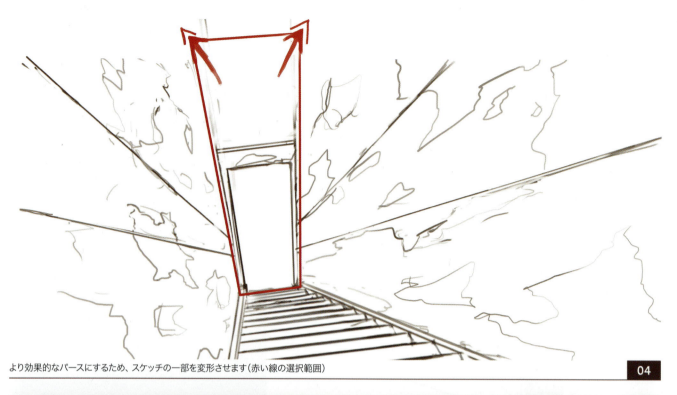

より効果的なパースにするため、スケッチの一部を変形させます（赤い線の選択範囲）　04

荒廃した環境の汚れた色　05

04 スケッチとパースを洗練する

パースはすべてのイメージにおいて重要な要素であり、鑑賞者の目を引き付ける役割があります。では［多角形選択ツール］（［Shift］＋［L］キー）でパースを歪めましょう。扉とその上の壁の線を選択し、形状を［自由変形］（［Ctrl］＋［T］キー）で調整します。選択範囲の角度を均等に操作するため、［Alt］＋［Ctrl］キーを押したままボックスの隅をドラッグして引き伸ばします。

05 大まかに色を加える

荒廃した建物を表現する場合、落ち着いた色調のミュートカラーパレットを使用します（一般的に低彩度の暗い色で、濁った茶色、ベージュ、ミッドグレーの色調など）。このシーンの色を選択するときに考慮しなければならないのは「色あせている／剥がれ落ちている塗装」「長期間放置された壁に発生するかび」「レトロな模様の壁紙」などです。

もし気が変わったとしても色はあとで変更できるので、ここでそんなに時間をかける必要はありません。

ホラー：隔離病棟

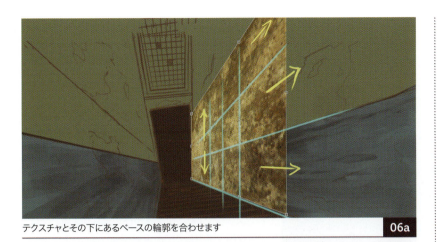

テクスチャとその下にあるベースの輪郭を合わせます　06a

テクスチャがリアリズムを生み出します　06b

06 壁のテクスチャ

まだテクスチャを用意してないなら、ここでいくつか見つけておきましょう。私が使っているテクスチャはすべて、3dtotal.comやtextures.comなど著作権フリーのテクスチャライブラリからダウンロードしたものです。今回はホラーの雰囲気を出したいので、古く汚れたテクスチャを探します。

壁のベースとして適用した最初のテクスチャは、小石の打ち込まれた古めかしいルックです。描画モードを［オーバーレイ］にしてテクスチャを適用し、ハードエッジがパースの線にだいたい合うように［自由変形］させましょう（図06a）。

このテクスチャにマスクを適用し、ソフト円ブラシでその上をペイントして、ハードエッジを取り除きます。あとでエッジ以外の領域もマスクすると、別のテクスチャを表示できるでしょう（図06b）。

07 さらに損傷を加える

最初のテクスチャを適用できたら、次は「剥がれ落ちた塗装」や「汚れた漆喰」などのテクスチャを使い、シーンにもっと損傷を加えていきましょう。

テクスチャをPhotoshopにドラッグし、ラスタライズと自由変形を実行して配置します。続けて［オーバーレイ］描画モードに設定し、各テクスチャをマスクしましょう（あとで再利用する可能性のある領域は削除せず、マスクしておきます。そうすれば、変更が生じたときにすぐ表示できます）。

満足のいくまでテクスチャの領域を表示したら、レイヤーを複製し、左の壁に反転して配置します。ここでもマスクが役立ちます。反復とシンメトリ（対称性）を崩すため、マスクを活用して新しい領域を表示しましょう（図07）。

テクスチャを複製して左の壁に反転し、マスクで素早く非破壊的に配置します　07

" あとで再利用する可能性のある領域は削除せず、マスクしておきましょう。そうすれば、変更が生じたときにすぐ表示できます "

2時間のペインティング

窓ガラスに反射光が当たっているリファレンス画像を取り入れると、時間を節約できます　08

この段階でタイルを貼れば、イメージとパースに統一感が出ます　09a

タイルが影の中に消えるようにフェードさせると、不気味な雰囲気がさらに高まります　09b

08 ブロック状の窓ガラス

病院ではよく、出入口の上にブロック状の窓ガラスが使われています。これを加えると、暗い夢のようなシーンに彩りを添えることができます。私は取り入れるリファレンス画像に、反射光のあるブロック状の窓ガラスを選択しました。この反射光を慎重に調整し、窓ガラスに懐中電灯の明かりが反射しているように演出します。

窓ガラスの下のレイヤーに、緑がかった青色をペイントします。こうすることで、上にあるガラステクスチャに色を浮かび上がらせます。では、ステップ06〜07の手順を繰り返し、テクスチャを調整しましょう。さらに窓ガラスをカンバスの外へ伸ばし、天井まであるように見せます。テクスチャの上部にある暗い領域の一部を選択・複製して、拡張してください。

09 床にタイルを貼る

新規レイヤーで出入り口を黒く塗りつぶし、階段の下の床にチェック模様のタイルテクスチャを適用しましょう。大きさが不十分でも、このタイプのパターンなら、ある程度途切れることなく反復させることができます。レイヤーを複製し（[Ctrl]＋[J]キー）、継ぎ目が一致しないときはエッジを消して上に配置してください。これで簡単に修正できます（図09a）。十分な大きさになるまで、反復を繰り返しましょう。

戸口のレイヤーの選択範囲を使って、出入り口にマスクを適用しましょう。まず、戸口の黒いレイヤーサムネイルを[Ctrl]＋クリック、次にマスクするテクスチャレイヤーのマスクアイコンをクリックします。では、懐中電灯で照らされる領域だけを残し、影に消えていく領域を塗りつぶしてください（図09b）。

10 血とグラフィティ

[乗算]描画モードで、血のテクスチャを壁に適用しましょう。白い背景に描かれた血のテクスチャを追加して[乗算]モードにします。これで、白い領域が消えてカンバスの色情報（血）だけ残ります。

同じテクニックでグラフィティも適用しましょう。私が選んだテクスチャはグレーのコンクリート壁に描かれていたので、グレーが透けて見え、適用範囲の壁が暗くなりました。そんなときは[レベル補正]（[Ctrl]＋[L]キー）で壁が見えなくなるまでグレーを明るくして、グラフィティだけを残します。

ホラー：隔離病棟

[乗算]描画モードと[レベル補正]で、血とグラフィティを素早く取り入れます　10

右の選択範囲（右の赤いハイライト）を反転、大まかに変形して左側に配置します　11

11 腐った木材

出入り口と階段にテクスチャを加えていきましょう。塗装の剥がれた木材のテクスチャを用意したら、[オーバーレイ]描画モードを適用し、[色相・彩度]（**[Ctrl] + [U]キー**）を調整して色を変更します。ドアフレームでは、テクスチャを細長く切り取り、出入り口の周りに配置してください。続けて、同じ画像を複製して引き伸ばし、階段の下向きのパースに沿って変形させます（傷付いた古めかしい外観なので、テクスチャを適用する際、ディテールの正確性にこだわらないでください）。[多角形選択ツール]で階段の輪郭に沿って大まかに選択、それを削除します（**図11**）。

" 白い背景に描かれた血のテクスチャを追加して[乗算]モードを適用します。これで、白い領域が消えてカンバスの色情報（血）だけ残ります "

2時間のペインティング

EXITサインの明かりに照らされた空気中のほこりを、パーティクル（粒子）ブラシで素早くちりばめます

12

12 EXITサイン

最後はEXITサインのリファレンス画像を変形して、出入口の上に配置。このときサインを囲うボックスを忘れずにペイントしましょう。新規レイヤーに明るい緑の光をペイントして、［覆い焼きカラー］描画モードに設定します。これによって、「隔離病棟の脱出ルートはここしかない」とほのめかすことができます。

13 クリーチャーの仕上げ

ステップ03でじっくりクリーチャーのフォームを作成しておけば、仕上げの時間を節約できるでしょう。まずクリーチャーを2つ複製して、1つを［オーバーレイ］描画モードに設定、もう1つを［色相・彩度］ツールで赤くします。続けて、ベーススケッチにクリッピングマスクした新規レイヤーに、カラーパスとテクスチャパスを追加します。また、別の［オーバーレイ］レイヤーにハイライトや影をペイントして、納得のいくクリーチャーを完成させましょう。

背後の影を作成するため、ベーススケッチのコピーに［色相・彩度］を適用し、［明度］スライダを完全な黒に設定します。［ぼかし（ガウス）］を少し加え、クリーチャーの斜め後ろに配置してください。

14 懐中電灯

クリーチャーの出来映えに満足したら、［Ctrl］+［Shift］+［Alt］+［E］キーを押して、すべてのレイヤーの上にコンポジット（合成）レイヤーを作成しましょう。こうすれば、オリジナルレイヤーに影響させずに調整や変形を行えます。では、懐中電灯の明かりを加えて、不気味さを強調しましょう（図14a）。

懐中電灯の明かりを作成する際は、まず新規レイヤーを黒で塗りつぶし、ビームの領域をハードブラシでマスクします。次はそのマスク範囲に［ぼかし（ガウス）］を適用し、グローを和らげます。続けてこのレイヤーを複製し、［レイヤースタイル］メニューを調整してコンポジットレイヤーの明るい領域を表示しましょう（図14b）。これにより、ハイライトが周囲の暗闇を和らげてくれます。

プロのヒント
ショートカットキー

私はレイヤーを左右に反転させるショートカットキーに［Ctrl］+［Shift］+［ー］キーを割り当て、垂直に反転させるキーに［Ctrl］+［Shift］+［＝］キーを割り当てています。［編集］＞［キーボードショートカット］で自由に設定できます。これらのショートカットキーには、他のアクションで使わないキーを設定してください。

ホラー：隔離病棟

初期の準備とレイヤーの再利用で、素早くクリーチャーを完成させます　　13

懐中電灯の明かりが演出する不気味なタッチによって、雰囲気がいっそう高まります　　14a

レイヤーのブレンド条件を調整すれば、素晴らしい効果を生み出せます　　14b

81

2時間のペインティング

ホラー：隔離病棟

15 仕上げ
パーティクルブラシで新規レイヤーにほこりを少し加えます。[ビビッドライト]レイヤーを追加すれば、懐中電灯の明かりを強めることもできます。

これらのレイヤーを含む新しいコンポジットレイヤーを作成し、色相を追加して一部の色を補正します。これにより、イメージの最終的な雰囲気を高めることができるでしょう。

さらに、コンポジットレイヤーを複製して[ぼかし（放射状）]をわずかに適用し、一部領域をマスクで取り除いてやれば、動きや奥行きを強化できます。最後にノイズを少し加え、イメージを統一すれば完成です。

プロのヒント
コンポジットレイヤー

レイヤーを1つに統合して（[Ctrl]＋[Shift]＋[Alt]＋[E]キー）、さまざまなフィルター・エフェクト・マスクで調整する非破壊的な方法を採れば、いつでも元に戻ってイメージの最終ルックを変更できます。

現実世界：歴史的景観

Donglu Yu

リファレンス画像の収集は、テーマを詳しく知る上で必要不可欠です　01a

このチュートリアルでは、歴史的景観の作成に関するアプローチを紹介します。スピードペインティングを成功させる秘訣は、限られた時間（この場合は2時間）でそのテーマとなる要素を表現することです。したがって、選択したテーマに精通し、「一般的な形状」を描画しなければなりません。そのような形状を詳しく知るための2つのポイントは、「長年の観察で培った経験」と「利用可能なリファレンス画像の入念な調査」です。

準備が整ったら、次はスピードペインティングのテクニックに移ります。この機会を利用して、カスタムブラシやカスタムシェイプで構図を素早く効率的に描く方法を紹介します。また、明度や雰囲気の重要性について詳しく説明し、ライティングや色温度でイメージに奥行きを与える方法も取り上げます。最後に、エッジの加工やカメラエフェクトなど、全体をまとめる方法を紹介します。

チュートリアル全体にわたり、テクニックの適用法だけでなくその裏にある理論についても説明します。ペインティングアプローチを論理的に理解できれば、テクニックは自然と身につくことでしょう。そして、時間やエネルギーを効果的に「クリエイティブ／創造性」に回せるようになります。

利用可能なソースを使って、リファレンス画像のストックを作成しましょう　01b

" ペインティングアプローチを論理的に理解できれば、テクニックは自然と身につくことでしょう "

01 リファレンス画像の収集

どんなプロジェクトでもテーマに精通するには、リファレンス画像の収集が重要なポイントです。私はよく自分用の写真を撮影しています。きちんとしたストックの作成には手間と時間がかかりますが、そうするだけの価値は十分あります。プロ用のカメラでハイエンドのショットを撮影したり、スマートフォンやタブレットで行き帰りに手軽に撮影するとよいでしょう。

インターネットで画像検索するか、Flickerなど画像関連サイトでリファレンスストックを作成してもよいですが、他者の画像を使用する際は、著作権上の制約があります。作品公開時にトラブルになる恐れがあるので、細心の注意を払ってください。textures.comなどのウェブサイトにある著作権フリーの画像を使えば、この問題は解決するでしょう。利用において少額の会費が発生する場合もあります（図01a、b）。

02 ブラシを使ったウォームアップ

私はよくスピードペインティングを始める前に、カスタムブラシを使ってウォームアップを行います（図02a）。テーマに応じて、スピードペインティングに使用するブラシの種類を限定しましょう。そうすることで、ブラシストロークよりも形状やデザインに集中でき、作業効率が上がります。慣れるまで少し時間がかかるかもしれませんが、長い目で見れば、制作プロセス全体の高速化につながります（図02b）。

[F1] [F2] [F3] キーなどのホットキーをブラシに設定することも、作業効率を上げるための良い方法です。

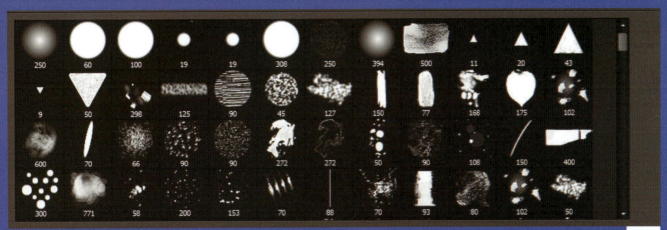

私のカスタムブラシ　02a

使用するブラシの種類を限定すると時間短縮につながり、たくさんのブラシに気を取られずに済みます　02b

形状は、イメージに対する鑑賞者の理解を最も効果的に高める視覚言語です　03a

03 形状の選択

収集したリファレンスから、適切な画像を選択していきます。比較検討できるので、収集に費やした時間と苦労は報われるでしょう。テーマに沿った面白い構図を作成する上で、形状は重要なデザイン要素になります。Photoshopで大きな空白のカンバスを開き、自分のテーマに合った面白い形状をすべてコピー&ペーストしてください（図03a）。

明るいグレーを背景に、グレースケールのグラフィック要素として形状を捉えましょう。そうすることで、形状の可読性と関連性を正しく判断できるようになります。また、形状をシルエットとして捉えることも重要です。このタイミングで後の構図作成に向けたベースを固めておきましょう。

すべてのテクスチャをあとで使えるようにしておきたいので、私は非破壊の[白黒]調整レイヤーで彩度を下げます（図03b）。

非破壊的な調整レイヤーを使えば、元のテクスチャをそのままの状態で残しておけます　03b

04 カスタムシェイプの作成

私がよく使用するカスタムシェイプは、カスタムブラシの代替手段です。カスタムブラシよりも素早くカンバスに適用できるので、無限の可能性を構図に与えてくれます。

ステップ03で選択した形状に基づいてカスタムシェイプを作成するには、まず[チャンネル]タブに移動し、最適なコントラストのカラーチャンネルを選択します（サムネイルを[Ctrl]+クリック）。次に[M]キーを押して右クリック、[作業用パスを作成]を選択して、[許容値]：0.5に設定しましょう（図04a）。

[編集] > [カスタムシェイプを定義...]を選択し、ツールバーの[カスタムシェイプツール]をクリックすると、作成したシェイプを使用できます（図04b）。

シェイプをクリック&ドラッグして、いろいろ試してみましょう。柔軟で使い勝手のよいカスタムシェイプは、お気に入りのペインティングテクニックです。

[作業用パスを作成]で[許容値]を0.5ピクセルに設定して、カスタムシェイプを作成します　04a

[カスタムシェイプを定義...]で登録すると、カスタムシェイプツールバーに表示されます　04b

現実世界：歴史的景観

カスタムシェイプをドラッグ&ドロップして、面白い構図を表現しましょう　05

明度は空間の関係性を表す鍵なので、色よりも先に設定します　06

リファレンスの研究は大事ですが、ここでは形状よりもライティングや色に重きを置きましょう　07

" リファレンス収集の第1歩が「形状」なら、リファレンス研究の第1歩は「ライティング」です。直射日光・曇り・日没・夜・人工照明・逆光など、この研究で見ていくさまざまなライティング状況を心に留めておきましょう "

05 構図の研究

ステップ04では、初期形状を基にカスタムシェイプのコレクションを作成しました。ここでは、カスタムシェイプをカンバス上で自由にドラッグし、面白い構図を見つけましょう。ドラッグすると元の形状のアスペクト比を変更できるので、創意工夫できるでしょう。たとえば、石の壁は水平に引き伸ばし、地面のテクスチャとして使用できます。高い木のプロポーションをもっと小さく変更すれば、茂みとして使えます。

すべてのシェイプを反転して、新しいカスタムシェイプを作成する必要はありません。代わりに、カンバス自体を反転させ、いつものようにシェイプをドラッグするだけです。

06 明度の研究

シェイプと平坦な黒でいろいろ試したら、次は選択した構図に微妙な明度を加えていきましょう。

奥行きと雰囲気は「明度」で調整します。このステップでは、雰囲気のある奥行きを作成することが焦点です。鑑賞者に近いオブジェクトは、遠くのものよりもコントラストが強くなります。Photoshop上にあるシェイプレイヤー間に霧や湿気をペイントし、シーン内で空間の位置関係を微調整しましょう。水平線を戦略的に配置し、前景や中景が奥行きを邪魔しないように心がけてください。

07 ライティングリファレンスの収集

リファレンス収集の第1歩が「形状」なら、リファレンス研究の第1歩は「ライティング」です。直射日光・曇り・日没・夜・人工照明・逆光など、この研究で見ていくさまざまなライティング状況を心に留めておきましょう。

逆光は私のお気に入りのシナリオです。面白い影が形作られ、形状や構造が最も明確に浮かび上がります。すべてのライティングリファレンスを大きな空白のカンバスに分類し、ライティングボードとして使用しましょう。

このステップでは、形状・デザイン・色は気にせず、ライティングだけを研究してください。

2時間のペインティング

寒色から暖色まで幅広いレンジを持てば、シーンが色鮮やかになります　08

08 色の配置

ライティングを設定できたら、カラーパレットに取り掛かりましょう。スピードペインティングではモノクロのアプローチを採ることが多いですが、色温度に微妙なコントラストを加える手法も効果的です。

光の当たっている領域には暖色を、影の領域には寒色を使いましょう。適切なカラーレンジを使用すると、極端な明暗のグレーにならず、印象的なハイコントラストを加えられる利点があります。

09 色の調整方法

カラーパレットを微調整する方法は2つあります。1つめはとてもシンプルで、[カラーバランス][色相・彩度][レンズフィルター]などさまざまな調整レイヤーを試す方法です。

2つめは「幸運なアクシデント」の発見に基づくものです。まず、お気に入りのリファレンス画像をすべてPhotoshopにドラッグしましょう（図09a）。次に、作成中の絵を選択し、**[イメージ]＞[色調補正]＞[カラーの適用]**に進みます（図09b）。

リファレンス画像をたくさん見つけて、Photoshopにドラッグします　09a

[カラーの適用]で色を微調整します　09b

88

現実世界：歴史的景観

「幸運なアクシデント」がときどき素晴らしい色を生み出してくれます　09c

さまざまなフィルターを試してみましょう　09d

[カラーの適用]ポップアップメニューが表示されたら、[ソース]ドロップダウンメニューでリファレンス画像をすべて見て、どの色が元のシーンに合うか調べます（**図09c**）。画像オプションのスライダで、[輝度][カラーの適用度][フェード]を微調整できます（**図09d**）。

プロのヒント
語りすぎない

私の生徒はよく1つのイメージでとても複雑なストーリーを表現しようとします。そんなときはその中から2〜3の要素を選び、それを細部にわたって表現するよう伝えます。ストーリーが複雑すぎると、カンバスが小さなパーツに分割され、別のストーリー要素に振り分けらるため、印象的な構図にするのが難しくなります。

10　明度のダブルチェック

色と写真テクスチャを統合すると、元の明度の関係が追加のピクセル情報によって乱れることがあります。そのようなときは、[白黒]調整レイヤーを適用し、全体の彩度を再び下げて、明度をチェックします。人間の目は色情報よりもグレースケールを先に読み取るため、明度に細心の注意を払いましょう。グレースケールを間違えると、色だけで正確な奥行きを作れなくなります。

追加した色の情報によって明度の関係が変化することがあるので、入念にチェックしましょう　10

2時間のペインティング

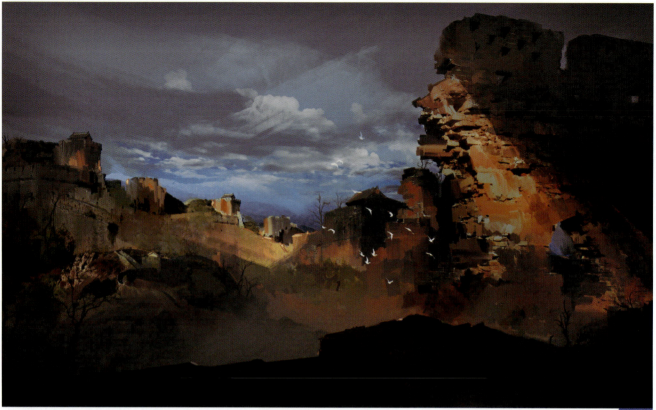

ブラシセットを作成すれば、ディテールの追加プロセスを高速化できます　11

カンバスをまめに反転させて、新鮮な視点でイメージを捉えましょう　12

11 ディテールの追加
このステップでは、鳥・枝・前景のブドウの木・草・雲のテクスチャなど、補足的なディテールをすべて追加しましょう。私はいつもこういった最終ディテール用に、カスタムブラシセットを前もって用意しておきます。そうすれば時間を大幅に節約できるでしょう。

作業中は常にナビゲーターパネルをチェックします。ディテールを追加している最中も、サムネイル全体の整合性が取れているか確かめてください。

テクスチャをいくつか使って、大きな表面で色のニュアンスを強めます。ここまでずっと注意を払ってきた明度の関係が損なわれないよう、慎重に写真テクスチャを扱いましょう。

12 カンバスの反転
カンバスを反転させて、構図をダブルチェックします。これはこのステップだけでなく、ペインティングプロセス全体を通じて行いましょう。Photoshopが導入される前の画家は、チェックするとき、鏡に絵を映して反転させていました。では、どうしてそのような面倒なことをしたのでしょう？

現実世界：歴史的景観

[ぼかし]フィルターを追加して、イメージに微妙な動きを加えます　13a

[ぼかし]のサイズと中心を選択します　13b

[ぼかし]フィルターで最終的なエフェクトをイメージに追加します　13c

[色収差]でカラーチャンネルをオフセットすると、現代的なカメラエフェクトが加わり、イメージに映画のような雰囲気を与えることができます　14

反転させる理由は、長い時間同じ絵を見ていると脳が特定の視覚表現に慣れてしまい、それを理解しようとしてしまうからです。しかし、カンバスを反転させると、再び新鮮な視点からシーン全体を捉えて、客観的にイメージを分析できるようになります。

13 エフェクト①：ぼかし

私はよくイメージの下部に微妙な動きのぼかしを加えます。これにより、カメラで撮影したようなエフェクトが掛かり、静止画に躍動感が加わります。ぼかしエフェクトを掛けるには、[フィルター]＞[ぼかし]＞[ぼかし（放射状）]を選択（図13a）、[量（A）]：10、[方法]：ズームに設定します（図13b）。

これでイメージの中心に向かって、エッジにぼかしが入ります。では、このエフェクトを調整しましょう。レイヤーにマスクを掛け、不要な領域を消して、[不透明度]を約30％に落とします（図13c）。

" 反転させる理由は、長い時間同じ絵を見ていると脳が特定の視覚表現に慣れてしまい、それを理解しようとしてしまうからです。しかし、カンバスを反転させると、再び新鮮な視点からシーン全体を捉えて、客観的にイメージを分析できるようになります "

14 エフェクト②：色収差

「色収差」について説明しましょう。これは、現代的なカメラエフェクトの効果を表現できるので、歴史的なイメージよりもSFシーンでよく使われています。色収差は写真に起こる現象で、光のさまざまな色にカメラレンズの焦点が合っていないとき、少し色ズレが入ります。写真撮影ではミスと見なされますが、デジタルアーティストはイメージに映画のような雰囲気を加えたいとき、このエフェクトを模倣します。

色収差を適用するには、[フィルター]＞[レンズ補正]に進み、カスタムタブにある[色収差]セクションの3つのスライダを操作しましょう。これでRGBチャンネルをオフセットして、レンズのようなエフェクトを模倣できます。このとき、3つのチャンネルスライダを同時に動かすのは避けましょう。互いに相殺され、効果が半減してしまう恐れがあります。

15 まとめ

これでスピードペインティングは終了です。数時間ほど散歩に出かけ、あとでイメージ全体が自分のテイストに合っているかチェックすることをお勧めします。

今後のトレーニングとして、今回行なったリファレンス画像の研究とカスタムシェイプに基づき、別のスピードペインティングを作成してみましょう。大事なのは「習うより慣れよ」です。私はいつも生徒に対して、自分の作品にあまりこだわらないよう教えています。1つのイメージに10時間使うよりも、同じ時間で10の異なるカラースケッチをする方が実りも多いでしょう。

現実世界：歷史的景觀

ホラー：ドゥーム・ヘッド

Noely Ryan

 DOWNLOAD RESOURCES  2 HOUR

このチュートリアルでは、モンスターのコンセプト制作を解説します。ファーストパーソン・シューティングゲーム(FPS)に登場する敵キャラクターとして使えるものを作成していきましょう。これは、『Doom』や『Quake』などのゲームシリーズに登場するモンスターやデーモンに強く影響を受けています。プレイヤーを殺してずたずたに切り裂こうとする悪意に満ちた敵キャラクターです。解剖学的な知識は、通常ほとんどのキャラクターアートにとって必要不可欠です。しかし、モンスターの制作では、腕を大きなプラズマ銃で置き換えるなど、解剖学に関する自由度が高くなります。

01 モンスターの形状

キャラクター制作で行う最初のステップは、シルエットのサムネイルスケッチです。通常、それは鑑賞者の目が最初に捉える部分です（たとえわかりにくい形をしていても）。したがって、シルエットはそのキャラクターの特徴や視認性を示す良いサインになります。いくつかのシルエットを小さなサムネイルにスケッチすると、素早くキャラクターの形状を視覚化できるでしょう。

02 大まかに色を塗る

選択したシルエットを新規レイヤーに配置し、ページいっぱいに大きくしましょう。その上にさらに新規レイヤーを配置してクリッピングマスクを作成します（[Alt]キーを押しながらレイヤー間の線をクリック）。これは、その下にある形状以外の領域にペイントした色をすべて隠します。

ダウンロード可能なテクスチャブラシや既存のブラシ（[カラー]と[散布]をオン）を選択し、黒いシルエットにテクスチャを追加しましょう。ランダムにペイントし、上手くできなくても気にしないでください。ここでの主な目的は平坦な黒を取り除き、ベースカラーを加えることです。

シルエットを選ぶ際はシンプルに 01

クリッピングマスクを使えば、モンスターのベースカラーを上手くペイントできます 02

ホラー：ドゥーム・ヘッド

シンプルな顔を追加すると生命が宿ります　03

筋肉のディテールを追加すると同時に、輪郭を定義します　04

03 基本フォーム

モンスターの肌の色を選びましょう。私は茶色と赤で進めることにしました。2つのレイヤーを統合し、[スポイトツール] で色を選択してモンスターのフォームをペイントします。その色で大きな腹部を作成し、胸部（大胸筋）の下にある影を作成し、素早く顔もスケッチしておきましょう。早い段階で簡単に顔を作っておけば、キャラクターに生命が宿り、その性格を想像しやすくなります。

04 色を切り替えてクイックペインティング

大きなフォームに満足したら、次は筋肉のディテールを少し加えます。描画色をベースカラーの高い明度に、背景色を低い明度に設定。[X] キーで描画色と背景色を切り替え、大きな基本ストロークで腹部と腕の筋肉をペイントしてください。

次はブラシの不透明度を50〜60％に設定し、サイズを縮小します。再び色を切り替え、大きなストロークの間にある影と光をブレンドします。足は暗いまま残し、頭頂部に当たっている光を最も強くしましょう。

> " 早い段階で簡単に顔を作っておけば、キャラクターに生命が宿り、その性格を想像しやすくなります "

銃の作成には時間をかけましょう　05

05 さらなるディテール

色の切り替えを継続し（ステップ04から）、筋肉のディテールをすべて定義しましょう。作業を早く進めていると、一部のフォームが間違って配置されてしまうこともあるので（今回は腹部）、[ゆがみ] ツールでその部分を修正します。「手」は無意識に人間の目が引きつけられる場所なので、腕と手にディテールを追加しておきましょう。

銃のペイントは、時間がかかるのでシンプルに留めてください（とはいえ、私は銃のペイントとデザイン決めに最も時間をかけることもあります）。ここまで、素早いペインティングに時間を割いてきましたが、銃に関してはもっと慎重なアプローチを取らなければいけません。格好良くするのであれば、ブレードやタービンなどのディテールを加えるとよいでしょう。

2時間のペインティング

鋭い目と悪魔の笑みが恐怖を掻き立てます　　　　　　　　　　　　　　06

カスタムテクスチャブラシで、ハイライトや影のレイヤーを加えます　07

06 殺人鬼の笑み
ペインティングプロセスの最終段階で、モンスターの際立つ特徴として不敵な笑みを描きます。私は牙ではなく人間のような歯を持たせることにしました。［なげなわツール］で各パーツを再配置し、サイズやウェイトを修正します。

輪郭を洗練させて、強張った首の靱帯を加え、モンスターの怒りや荒い気性を表現しましょう。フォームに満足したら、色の仕上げに移ります。

07 汚しの色とテクスチャ
モンスターレイヤーの上に 2〜3 のクリッピングマスクを作成して、さらに色を加えましょう。大きなソフトブラシ（低い不透明度）で、影の領域にさまざまな緑色や茶色をペイントします。

クリッピングマスクをもう 1 つ配置して［オーバーレイ］描画モードに設定、白のソフトブラシ（不透明度：20％）で胴体と頭にハイライトを作ります。また、このレイヤーにテクスチャブラシを使用し、ハイライトとテクスチャを混ぜ合わせましょう。同じステップを銃でも繰り返し、フォームを描き込んでください。

ホラー：ドゥーム・ヘッド

08 血しぶき

ここでもステップ07のクリッピングマスクのテクニックを使います。［オーバーレイ］描画モードの新規レイヤーに、カスタムのスパッタリングブラシで血しぶきを加えましょう（肌に血液を追加するには、スパッタリングブラシで赤い滴をペイントします）。次にこのレイヤーを複製し、［色相・彩度］（［Ctrl］＋［U］キー）の［明度］スライダを白までドラッグ。作成した白のスパッタリングレイヤーを赤のスパッタリングレイヤーの下に配置、［移動］ツール（［V］キー）と矢印キーで数ピクセル上に動かします。これで血の滴の上部に光が当たっているように演出できます（**右図**）。

このテクニックで完璧な血しぶきは作成できないかもしれません。しかし、作業を素早く行えるので、スピードが問われるプロジェクトにはうってつけです。

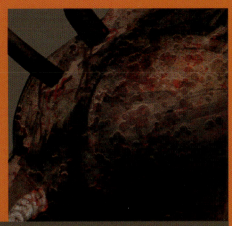

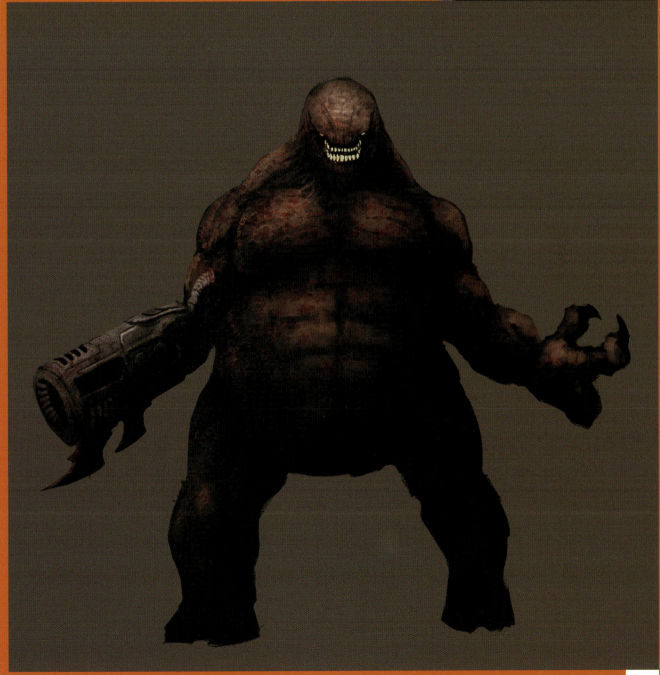

カスタムのスパッタリングブラシで、モンスターに血しぶきを加えましょう（※ダウンロードデータを参照）

08

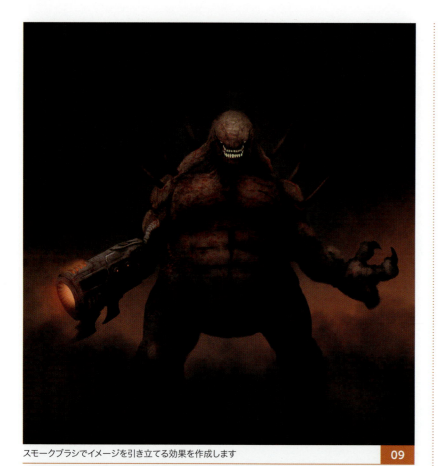

スモークブラシでイメージを引き立てる効果を作成します　09

リムライトを使えば、効果的に奥行きを与えることができます　10

09 トゲと煙
肩が少し寂しいので、［なげなわツール］でトゲをいくつか加え、ソフトブラシでシェーディングを施しましょう。銃の火力を表現したい場合は、［なげなわツール］で銃身を選択し、カスタムスモークブラシでペイントします。

私は同じブラシでモンスターの下の背景レイヤーにオレンジの煙をペイントし、［線形グラデーション］ツールでシンプルなライティングのグラデーションを作成しました。モンスターの足元にはソフトブラシで影をペイントしています。さらに、新規レイヤーを作成し、スモークブラシで肩から立ち上る蒸気を、モンスターの周りや前には暗い煙を追加します。

10 リムライトと肋骨
不気味な煙と背景のライティングを作成したので、次はハイライトを少し追加しましょう。モンスターの上にクリッピングマスクを1つ追加、小さめのソフトブラシでエッジの右側にリムライトをペイントします。続けて、補色の青を選択し、左側のリムライトもペイントします。これで奥行きが加わり、モンスターはシーンに溶け込みました。

作業を楽しみながら、腹部を面白いものに仕上げていきましょう。アナトミーブラシ（インターネットで無料で取得できます。「anatomy brushs」で検索）で、胸郭を配置して形作り、不要な部分をソフトエッジの消しゴムで削除します。

11 仕上げ – グレーディングとポストプロセス
すべてのレイヤー統合し（［Ctrl］＋［Alt］＋［Shift］＋［E］キー）、左右に反転させて、モンスターのプロポーションをチェックしましょう。このモンスターは少し片側に傾いていたので、［ゆがみ］ツールでバランスを取りました。［トーンカーブ］（［Ctrl］＋［M］キー）の編集メニューを表示し、［RGBチャンネル］を調整して色を強めます。

色収差を追加するには［フィルター］＞［レンズ補正］（［Shift］＋［Ctrl］＋［R］キー）を使用します。［カスタム］タブにあるスライダを調整し、イメージに映画のようなエッジを与えましょう。最後にノイズを少し加えて、きれいな「デジタルルック」を崩してください。

ホラー：ドゥーム・ヘッド

環境を仕上げ、もう少しリアリティを出すために火の粉や灰を散布ブラシでペイントします。この作業は2つのレイヤーで別々に行なってください。1つは後景の小さな火の粉、もう1つは鑑賞者に近い前景のぼやけた火の粉です。下図が最終イメージになります。

プロのヒント
Photoshopのツールを活用してプロセスを高速化する

コンセプトやスピードが問われるプロジェクトで、形状やディテールの微調整に何時間もかけることはできません。 しかし、**キャラクターの形状やフォームがラフでも十分に読み取れる段階**までくれば、Photoshopのツールでその制作プロセスやワークフローを大幅に短縮できます。これは締め切りのあるプロジェクトで特に効果的です。

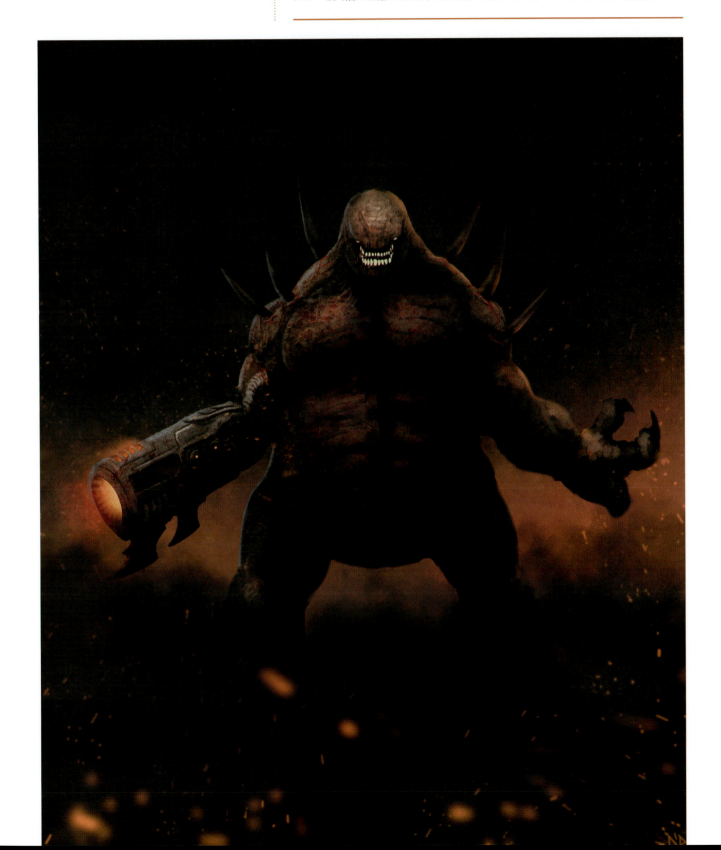

SF：太古の岸辺

Wadim Kashin

2 HOUR

「スピードペインティング」とは、素早くスケッチしてアイデアを得る、あるいは短時間で素早く作業を仕上げるプロセスのことを指します。スピードと品質を同時に維持するのは大変ですが、あらゆるペインティングで必ず高い品質が求められるため、スピードペインティングでも疎かにしてはいけません。

私はこのチュートリアルのイラスト制作に2時間費やし、「構図の考案」「シーンとキャラクターの作成」「小さなディテールと雰囲気の作成」を行いました。制作時間の限られている作品では、標準的なデジタルペインティング テクニックから始めましょう。本作では、テクスチャをブラシと一緒に使うことにします。

01 初期のパレット

このペインティングでは、古代の原始的な雰囲気を持つ多孔質岩石に囲まれた海岸線を描いていきます。また、近未来的な要素も追加し、その土地の人間と交戦しているロボットに主な焦点を当てます。まず「色と雰囲気」に関する画像をリサーチしてください。木や多孔質岩石の写真は、シーン制作の良い開始点となるでしょう！

さまざまな種類のリファレンス画像を見つけます

01a

SF：太古の岸辺

[ぼかし（移動）]は素晴らしいベースとなります　01b

まず、迫力のある大きなセコイアの木と、風化した蜂の巣状の岩を探しました。それらは素晴らしい穴のテクスチャを持っています（**図01a**）。これらを手動でカンバスに配置し、[ぼかし（移動）]を適用します。これで、ペインティングを始めるためのベースが整いました（**図01b**）。

02 ブラシで作業を始める

[ぼかし（移動）]を適用すると、たまにぼやけたエッジが浮かび上がることがあります。この輪郭はブラシで素早く修正し、まとめることができます。さまざまな種類のブラシを使えば、絵にランダムなストロークが加わるでしょう。カンバス下部の隅に[比較（明）]描画モードで多孔質岩石のリファレンス写真を適用し、カンバス上部に[比較（暗）]描画モードで空の写真を適用します。

" あらゆるペインティングで必ず高い品質が求められるため、スピードペインティングでも疎かにしてはいけません "

ブラシストロークとリファレンス画像を使って、ペインティングを始めましょう　02

2時間のペインティング

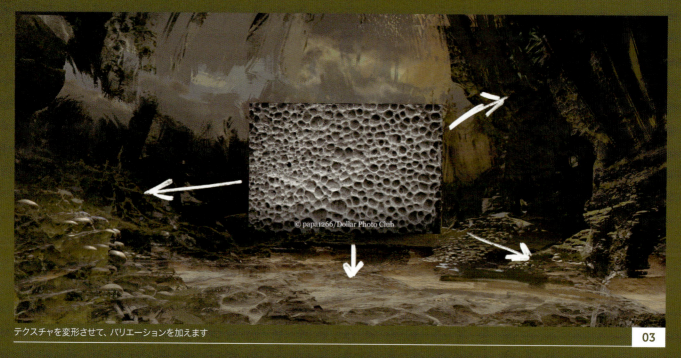

テクスチャを変形させて、バリエーションを加えます　03

パースと奥行きに注意して、平坦にならないよう気をつけましょう　04

03 素早くディテールを作成

多くのアーティストが「初期段階」に時間をかけています。そして「残りの全作業」に同じだけ時間をかけています。初期段階を素早く行うには、次の方法でフォトバッシングするのが効果的です。私はまず写真を2枚撮影してモノクロに変換します。次に[比較（明）]または[比較（暗）]描画モードをそれぞれに適用し、最後に2枚を重ねて配置します。こうすることで、面白い形状やオブジェクトが見つかります。ブラシで形状を描画・修正すれば、自分の理想とする結果を得られるでしょう。

ここでは、別の多孔質岩の写真を同じ描画モードで使用し、配置したい部分に適用しましょう。バリエーションを出すには、[自由変形]や調整ツールでテクスチャのサイズと形状を修正します。このようにすれば、初期段階でもディテールを手早く効果的に作成できます。

04 テクスチャの修正

テクスチャを適用した領域にブラシストロークを加えて、上塗りします。新しい部分をペイントすることで、絵に深みが加わるでしょう。たとえば、地面に近い領域が平坦なので、暗い緑を追加してボリュームを与えます。

この一部をハイライトすることも忘れてはいけません。こうした設定は[レベル補正]タブで編集できます。アンバランスに感じたら、パースを修正するとよいでしょう。レイヤーをすべて統合し、変形ツールでパースを変更してください。

SF：太古の岸辺

このシーンにはロボットがフィットします　　　05

テクスチャとクリッピングマスクを使って、ロボットにディテールを追加します　　06a

元のシルエットからデザインが変わることもあります　　06b

05 ロボット

私はロボットが大好きです。厳しい環境で活躍するその姿に魅了されてきました。これは、必ずしも遠い未来を意味するものではありません（好きなものを描いてください）。実際にロボットをデザインし、劣悪な環境でその適応力と実用性を示しましょう。まず、別レイヤーにシルエットを作成します。これで後のテクスチャの追加作業が楽になります。別レイヤーの異なるデザインに[オーバーレイ]を適用すると、新しいフォームと形状が簡単に見つかります。スケールを意識し、必要に応じて調整しましょう。

06 クリッピングマスクとディテール

リファレンス画像やテクスチャで、ロボットにディテールを追加しましょう。私は古い車のエンジン画像を使用します（図06a）。まず、各テクスチャにロボットシルエットのクリッピングマスクを作成します。次に、描画モードと不透明度を変更して、バリエーションを加えます。この方法によって作業時間は短縮され、デザインや構造物を簡単に作成できるでしょう。技術関連の制作にうってつけの手法です（図06b）。

不要なデザイン、合わないディテールは消しておきましょう。この段階の基本的な作業パターンは、ブラシ→テクスチャ→消去→ブラシのコンビネーションになります。これは乗り物や輸送機関を表現するのにも役立ちます。さまざまな設定を使い（[レベル補正][カラーバランス][カラーの適用]）、テクスチャも調整しましょう。

2時間のペインティング

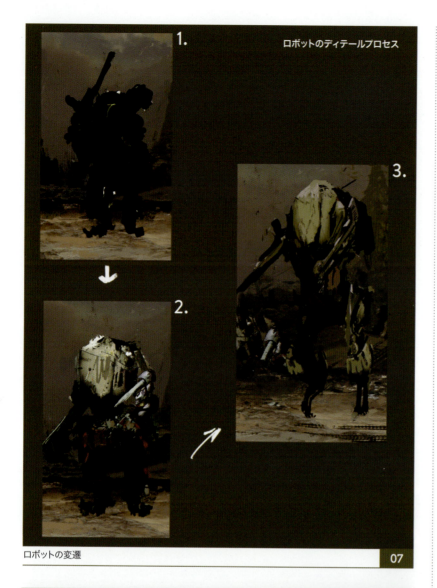

ロボットの変遷

07 ロボットのディテール
ここではロボットの歩き方など、他に変更する要素がないか見ていきます。背はもう少し高くすることにしましょう。脚も砂の上ではなく、中に沈むように修正が必要です。そうすることでロボットに重量感が加わり、リアルに見えます。さらに［レベル補正］と［トーンカーブ］も調整して、ロボットを周囲の環境にもっと調和させてみましょう。

08 キャラクターと補足的なディテール
ロボットができ上がったので、次は舞台を整え、補足的なディテールを加えていきます。まず、補充量少なめの［混合ブラシツール］で、岩・石・破片などのディテールを作成します。次にテクスチャの小さな部分を追加して、シーン全体にディテールと奥行きを示します（図08a）。これらにも［比較（暗）］描画モードを適用し、［レベル補正］で合わせましょう。

ここで数人のキャラクターを追加します。キャラクターの役割は主に2つあり、1つはストーリーを与えること（ナラティブ）、もう1つはスケール感を出すことです（図08b）。では、キャラクターの簡単なシルエットとハイライトをペイントしましょう。驚くべきことに、この小さなディテールがシーンに奥行きを生み出してくれます。

さあストーリーも変化してきました。現在のロボットは損傷し、その一部が地面に打ち捨てられています。

09 ライティング
作業はほぼ完了し、残るはライティング・ガンマ・コントラストの調整です。シーンの上から光が差しているので、ロボットとキャラクターの下に影を作りましょう（図09a）。

影はデフォルトのソフトブラシで作成し、［ぼかし（ガウス）］を適用します。次に、岩と空の領域に小さなディテールを追加。［焼き込みツール］で前景を暗くして、背景には［覆い焼きツール］を使用しましょう。こうして、パースと奥行きを出します（図09b）。

テクスチャとブラシストロークをさらに加えて、シーンに奥行きを与えます

SF：太古の岸辺

キャラクターによって、壮大なスケールを感じることができます　　08b

影の使い方1つで、ペインティングの良し悪しが決まります　　09a

［焼き込みツール］と［覆い焼きツール］でシーンに奥行きを与えます　　09b

2時間のペインティング

10 仕上げ
最後に、[レベル補正]＞[カラーバランス]で微調整を施しましょう。全体の色調（トーン）を少し暖かくしたら、[覆い焼きツール]で地面に光をさらに追加します。仕上げにノイズを少し追加（[ノイズを加える]：2.5%）。こうして作品をスタイライズしたルックに引き締め、余分なコントラストを取り除きます。

" 私はロボットが大好きです。厳しい環境で活躍するその姿に魅了されてきました。 これは、必ずしも遠い未来を意味するものではありません（好きなものを描いてください）"

SF：太古の岸辺

現実世界：海の風景

Katy Grierson

2 HOUR

スピードペインティングでは独自の審美性を表現できます。写真を使って短時間で完成イメージを生成する方法は、アイデアを得るときに便利ですが、頼りすぎるのは問題です。また、絵画的な美しさが求められるプロジェクトだと、かえって障害になることもあります。そこで、問題のある部分をカバーできるように、写真を使わず描く練習もしておくとよいでしょう。このチュートリアルの目的は「写真の使用を最小限に抑え、素晴らしいスピードペインティングを作成すること」です。

01 サムネイル

サムネイルをいくつか作成して、アイデアを練りましょう（**図01a**）。テーマを念頭に置き、形状・カラーパレット・雰囲気にフォーカスします。今回は「海の風景」がテーマです。サムネイルを作成すれば、構図を含む良いアイデアが湧いてくることでしょう。また、本番のペインティングに取りかかる前のウォームアップになります。

サムネイルができ上がったら、お気に入りを1つ選びましょう。私は**図01b**のサムネイルを選択しました。この画像を取り囲む崖が最も面白く、高いポテンシャルを感じます。

画像サイズを300dpi、約6,000 × 2,400ピクセルに変更してください。特にプリント用のイラストをペイントする場合は、十分な大きさであることを確認します。画像は拡大よりも縮小するほうが簡単なので、使用するマシンが許す限り大きくしましょう。

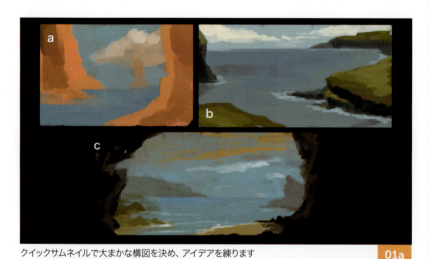

クイックサムネイルで大まかな構図を決め、アイデアを練ります　**01a**

サイズを大きくして開始します。あとでいつでもリサイズできます　**01b**

108

現実世界：海の風景

02 写真の追加

色をさらに追加する際は、インターネット上で見つけた画像（著作権フリーのもの）、または自分で撮影したリファレンス写真を使いましょう。**図02a**、**b** はスマートフォンで撮影した写真です。写真のほとんどを上塗りするので、解像度は重要ではありません。ただし、写真をそのまま使用する場合は、高い解像度が必要です。

ベースとなるサムネイル画像の上に、リファレンス写真を個別レイヤーとしてペーストします。通常は、自分のアイデアに合うように、修正した方がよいでしょう。私は夕景の写真を引き伸ばし、部分的に上塗りして、街灯や他の不適切なマテリアルを取り除きました（**c**）。

目的に合った写真を選びましょう

2時間のペインティング

03 写真の適合
シーンにフィットするようにいくつかの小さな雲を消したら、写真レイヤーをオフにして、サムネイル画像に戻ります。

では、[自動選択ツール]や[選択ツール]で、この写真に置き換えたい空の領域を選択してください（あとで上塗りするので、そこまで丁寧に選択する必要はありません）。次に、写真レイヤーにレイヤーマスクを作成し、選択範囲外の領域を非表示にしましょう。

> " 画像は拡大よりも縮小するほうが簡単なので、使用するマシンが許す限り大きくしましょう "

04 レイヤーマスクの使用
レイヤーマスクは、レイヤーの内容に影響を与えることなく簡単に編集できる便利なツールです。マスクとレイヤーは、レイヤーパネル内のアイコンをクリックして別々に編集できます。

今回はマスクではなく写真自体を移動し、夕景を最大限に活用しましょう。レイヤーパネルの写真とマスクの間にあるリンクをクリックします（図04上）。これでマスクとレイヤーが分離して、写真を少し右に動かせるようになります（図04下）。ステップ03でレイヤーマスクを使わずに選択範囲外を削除した場合、この操作は実行できません。

05 空を水面にコピーする
写真レイヤーを複製し、マスクを削除します。レイヤーパネルのゴミ箱にマスクサムネイルをドラッグすると、マスクを適用するか、削除するかというポップアップ画面が表示されます。複製したレイヤーではこれ以上マスクを使わないので削除してかまいません（マスクを適用した場合、マスクの編集機能がなくなり、画面に表示されていないアスペクトが削除されます）。

では、空の写真レイヤーを鏡面コピーし、不透明度を下げて水面に配置します。必要に応じて写真を部分的に消去しましょう。

デジタルマスキングツールでサムネイルレイヤーを編集（上）、リファレンス写真を追加（下） 03

レイヤーマスクで写真レイヤーを最大限に活用（上）、写真を移動したイメージ（下） 04

写真を使って水面に色を加えます 05

現実世界：海の風景

写真から色を抽出して、イメージとの統一感を高めます

06

06 ペインティングの再開

写真を配置し、ペインティングに取りかかる準備が整いました。新規レイヤーを作成し、大きなテクスチャブラシで再び要素を加えていきましょう。このとき写真から色を抽出すれば、ペインティングに統一感が出ます。使用している写真を参考に、光が差している方向を意識しましょう。シーンの時刻、表面に見えるローカルカラー（局所的な色）やテクスチャを基準に、全体の色を効果的に高めてください。

07 空気遠近法のペイント

このシーンはカンバス中央で遠方に広がっています。イメージに奥行きを簡単に加えるには「**遠くにあるものほど大気の層が厚くなる**」と意識しましょう。つまり、遠くにある要素の彩度を下げ、わずかに青みを加えて、前景よりもディテールを少なくします。シーンの色と色調（トーン）を選択する際は、このことをいつも念頭に置いてください。

" イメージに奥行きを簡単に加えるには「遠くにあるものほど大気の層が厚くなる」と意識しましょう "

空気遠近法を使えばリアリティが増します

07

111

2時間のペインティング

ライティングによって面白みを与え、ドラマチックにします　08

カラーレイヤーでバランスを取ります。左は適用前、右は適用後　09a

08 ライティングの追加

ライティングに手を加えるだけで、手早く作品をドラマチックにすることができます。今回は、単純に前景の岩を暗くして影にするだけでもよいでしょう。私は前景の崖の上部にもハイライトを追加しました。こうすることで、鑑賞者の視線は岩のフレームを無視できなくなります。

また、このタイミングでいくつかの影を追加するとよいでしょう。ただし、黒やグレーはイメージを台無しにするので使わないでください。明度を下げ、寒色の色調を加えれば、ディテールを損なわず、効果的に奥行きを追加できます。

09 色の均一化

メインカラーとライティングは決まりましたが、一部領域の色は退屈で精彩を欠いています。カラーレイヤーでこの問題を手早く解決しましょう。ここでは[ソフトライト]モードのレイヤーに着色していきます（図09a）。これは油絵のグレージングに似ています（P.190を参照）。ハードエッジを使うと、レイヤーを統合する際にアーティファクトが残ることもあるので、大きなソフトブラシでペイントしましょう（図09b）。

現実世界：海の風景

大きなエアブラシで色を均一にします　09b

10 ディテールの追加

色を調整したら、ディテールをさらに加えましょう。この時点でハードブラシを使いハードエッジを描いていきます。特に前景の岩や洞窟の入り口では、ディテールとコントラストをさらに追加できます。夕焼けとコントラストになるように、繊細な緑色を岩に加えると効果的です。

ハードブラシを使えば過剰な描き込みを防ぎ、時間の節約にもなります。明るいソフトブラシで何度もストロークを走らせる代わりに、ハードブラシの1度のストロークで色と色調を表現しましょう。

" 明るいソフトブラシで何度もストロークを走らせる代わりに、ハードブラシの1度のストロークで色と色調を表現しましょう "

何度もブラシを走らせるのではなく、1度のブラシストロークで色と色調を描く方法を身につけましょう　10

113

白いエッジで波を表現します　　　　　　　　　　　　　　　　　　　　　　　　　　　11

補正ツールでシーンを最大限に調整します　　　　　　　　　　　　　　　　　　　　12a

11 水の作成

水を素早く描くのは少し難しいかもしれません。しかし、ライティング・水の種類・風や重力の環境的要因・色などさまざまな条件を調べると、参考になるでしょう。このイメージの水は穏やかですが海岸に打ち寄せているので、水辺の青色に白いエッジを加えると、ゆっくりと岸に押し寄せてくる波を表現できます。

12 確認作業

イメージを左右に反転して、構図におかしいところがないか素早くチェックします。各ステップでこの操作を行えば、おかしな箇所をすぐに見つけ出せるでしょう。

ソフトウェアのツールを使い、もう1度全体の雰囲気を微調整する良いタイミングです。私はPhotoshopの[イメージ]＞[色調補正]＞[カラーバランス]を使用します（図12a）。ここでは青とピンクがかったオレンジ色を強調し、夕焼けの空を表現しました（図12b）。

現実世界：海の風景

色を使って夕焼けを最大限に表現します

13 仕上げ

これでスピードペインティングはほぼ完了です。目標としていた2時間も終わりが近づいてきました。もう数時間かけて前景の岩を描画することもできますが、仕上げでは他に優先すべき事項があります。このイメージのテーマは「海の風景」なので、私は水にもう少し時間を使うことに決めました。

スプラッタタイプのブラシでさざ波をさらに加え、水面にハイライトをペイントすると、絶え間なく移り変わる水の動きを表現できます。植物にディテールと色のバリエーションを少し加えれば、より魅力的に仕上がるでしょう。

優先順位を決め、仕上げに取りかかります

2時間のペインティング

現実世界：海の風景

ファンタジー：夜の嵐

 DOWNLOAD RESOURCES  2 HOUR

Stephanie Cost

すべてのアーティストには、長い人生で培われたユニークな経験があり、それは制作に還元することができます。私の場合、「田舎の暗い空・ひんやりとした空気・ホタル捕り・冒険談・パステルチョーク」などの記憶から、「広大さ・大きなジェスチャー・色」を好みます。このような作品について想像を巡らせるとき、それ以外は頭に浮かんでこないこともあります。しかし、新しいアイデアを生み出すきっかけには十分でしょう。風景画では、鑑賞者に「一瞬」を感じ取ってもらう必要があります。

たとえば、「角を曲がった瞬間・丘のいただきにのぼった瞬間・地球が自転して、新しい朝日がすべてを照らし出す瞬間」などです。このチュートリアルでは描画の強弱を使い分けるため、PhotoshopとPainterを交互に使用します。

01 アイデアとサムネイル

この作品では最初に簡単な構図を作成します。船と雲を描画し、時間帯は夜を選びました。アイデアを得るために、「静と動・大と小・嵐の前の静けさ・凶兆」など、記述的な言葉のリストを作成しましょう。

次は作成したリストを手元に置き、サムネイルを数本の線でざっと作成して、動きを捉えます。私は2つの明度から成るサムネイルをいくつか作成し、その中で最も気に入ったものを選びます。今回はシンプルなグラフィックの構図です。準備が整ったら、選んだサムネイルに取り組んでいきましょう。

02 ラフなブラシで下描き

構図が決まったらPhotoshopでサムネイルを拡大し、新規レイヤーの上に重ねてペイントしていきます。このとき[自動選択ツール]でサムネイルの主な要素を保持しておきましょう。すぐ複雑になるので、細かいことは気にしません！ラフなエッジのカスタムブラシを使い、きれいに薄れていくストロークと高コントラストのざらついたテクスチャのあるものを選びます。大きいブラシならどのタイプでもかまわないので、大きく大胆に形状とストロークを作成しましょう。

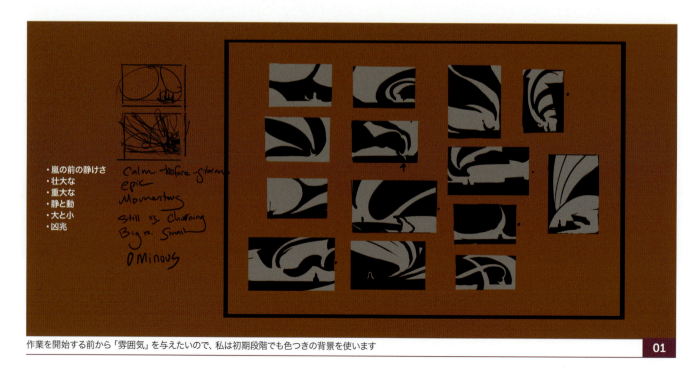

作業を開始する前から「雰囲気」を与えたいので、私は初期段階でも色つきの背景を使います　01

ファンタジー：夜の嵐

構図を完璧に再現する必要はありません。研究してさまざまな色の組み合わせを楽しんでください　02

いろいろ試して、まずい構図を取り除きます　03a

Painterのブラシで色を自然にブレンドできます　03b

03 より複雑にする

テクスチャとカスタムブラシをフル活用して、絵を複雑にしましょう。インターネットには無料のテクスチャとカスタムブラシがたくさんあります。

丸みのあるトカゲの皮膚(LIZARDSKIN)・滑らかなチョーク(CHALK)・厚みのある粗い砂利(GRAVEL)など、さまざまなブラシタイプを取りそろえましょう。これらを使えば、構図の形状を効果的に分解できます(※ダウンロードファイルを参照ください)。

Photoshopで[色相のジッター]をオンにしたフラットなソフトブラシを使ってもよいでしょう。これはハードエッジやランダムな色の作成に向いています。

異なるアプローチを模索しながら形状を作成したいなら、Painterの[アクリル]と[スポンジ]ブラシ、またはPhotoshopの[混合ブラシツール]を使用してください。イメージはまだ抽象的ですが、リファレンス画像を参考にして、大きな形状を崩し始めましょう(図03a)。

私のお気に入りはPainterのカラーブレンドです(図03b)。この先細りするブラシのエフェクトを使えば、色を自然にブレンドできるので、新しい豊かな色相が見つかります。

119

2時間のペインティング

Painterのカラーブレンド設定　03c

カラーパレットができたので、もう1度構図にフォーカスします　03d

このプロジェクトで色のブレンドにもっとも適しているのは、さまざまなレベルの[粘り]と[混色]を設定した、大きなサイズの[アクリル]ブラシ（不揃い平筆）です（図03c）。

前に行なったペイントは、1番上のレイヤーのすぐ下に隠れています。これを見直し、構図に取り込みたい要素を見つけてください。また、このタイミングでカラーパレットを減らしておきましょう（図03d）。

" 柔らかいコントラストの大きな円ブラシを使い、なだらかに起伏する有機的なフォームのパターンを作成します "

04 構図に集中する

構図とカラーパレットをいろいろ試したので、作品の雰囲気や動きに関するアイデアを得られたことでしょう。ここで、前のステップの色相を少し戻すこともできます。[アクリル]ブラシの[粘り]設定を上げると、滑らかで自然なカラーシフトになります。

各レイヤーを新規レイヤー統合し、1つのレイヤーで作業しましょう。[コピー][取り消し][ペースト]を使えば、元のマテリアルを残したまま、さまざまな色のレイヤーで作業を継続できます。これにより、Painterは色をサンプリングして、ピクセルを周囲に押し出します。このプロセスは大胆に行なってください。

私はオレンジ（青の補色）で中和してみます。これはすべての色を鮮やかにします　04

ファンタジー：夜の嵐

05 チョークブラシとパレットナイフ

私はいつも［チョーク］ブラシとハイコントラストのテクスチャを使います（コンクリートと金属のテクスチャが多め）。光の領域やディテールでは、サイズを小さくしましょう（サイズはテクスチャの「反復」頻度に影響します）。また、柔らかいコントラストの大きな円ブラシを使い、なだらかに起伏する有機的なフォームのパターンを作成します。これは、ザラザラした［チョーク］ブラシの対立表現になります。

彩度の高い色から探り始め、中間色のぎっしり詰まったダイナミックなフォームの作成に移ります（**図05a**）。引き続き、このステップでもリファレンス画像を研究し、雲の中にある形状のバリエーションやリアリズムに関するアイデアを練りましょう。

Painterはフォームの形成に役立ちます。［パレットナイフ］（点パレットナイフブラシジッター）はイメージを掘り下げ、注意を引きたい領域を強調するときに便利です。作品に対して直感を働かせ、初期のインスピレーションの源となった感情や考えを思い出してください。それらは、フォームの動きとエネルギー、劇的な効果を探るときに力になります。これは難しい段階ですが、PhotoshopとPainterを並行して試すとよいでしょう（**図05b**）。

プロのヒント
明度

グレースケールでイメージを定期的にチェックし、構図のルックを評価してください。また、RGBチャンネルを個別に表示してみると、面白い明度の構図を思いつくかもしれません。初期のステップで作成した小さなサムネイルをファイルの隅に保存しておけば、いつでも参照できるので便利です。たとえ制作過程で構図の変更があったとしても、完成イメージには最初に抱いた感情のインパクトが息づいているものです。

動きと方向をはっきりさせ、鑑賞者の注意を妨げない程度にフォームに変化をつけます　05a

フォームが曖昧にならないように、そしてテクスチャを消さないように気をつけましょう　05b

2時間のペインティング

レイヤーの構築にもう1度集中します　06

06 大きなストロークを取り戻す

ここは最も難しいステップです。繊細さが求められ、やり過ぎると現在取り組んでいるエネルギーや統一のバランスが崩れてしまうでしょう。Photoshopに切り替え、トカゲの皮膚のブラシとチョークブラシでエッジの一部を柔らかくして、鑑賞者の注意がそれてしまう領域をトーンダウンします。そして、イメージに大きなブラシストロークを取り戻し、[パレットナイフ]の均一なストロークに変化を加えましょう。

ゆっくり時間をかけて作業しますが、イメージを柔らかくし過ぎて、平坦にならないよう気を配りましょう。

Photoshopの[線形グラデーション]で、ストロークに影響を与えずに繊細な奥行きを加えます　07a

07 線形グラデーションとPainter

Photoshopの[線形グラデーション]で上部を暗く、下部を明るくすれば、イメージに効果的な奥行きを作成できます。上部からはインディゴ（暗い青）のグラデーション（110%のスケール、[不透明度]：26%、[オーバーレイ]モード）、下部からはリッチな金色のグラデーション（130%のスケール、[不透明度]：60%、[覆い焼きカラー]モード）で、新しいレイヤーを塗りつぶします。重なりが平坦になるのを防ぐため、グラデーションにレイヤーマスクを適用し、黒のチョークブラシで保持したい領域から色を取り除きます（図07a）。

明るいフォームと暗いフォームの間にある輪郭を明確にしましょう　07b

テクスチャの使用は冒険です。私は有機的なものを題材にする場合、金属や人工的な機械をよく利用します

08

Painterに戻って、[アクリル]ブラシ(不揃い平筆)を選択、[テクスチャ]：24％、[粘り]：27％、[混色]：31％、[ウェット]：64％に設定して、まとまりのない粗い領域をペイントしましょう。このエフェクトはすべてのピクセルが1つのレイヤーにあるときに最も効果を発揮するので、すべてのレイヤーを統合して複製し、新しい背景レイヤーを保持しましょう（**図07b**）。

08 テクスチャ

私はいつもカンバスの外側までテクスチャを広げるようにしています。そうすれば、あとでマスクを適用するにしても、作品全体に統一感をもたらします。

このステップでは2つのテクスチャを使用しました。1つめは、面白い黄色を少し含む錆びた青い金属のテクスチャです。この黄色が月と一致するように回転させて合わせました（[オーバーレイ]描画モード、[塗りつぶし]：24％に設定）。

2つめは、抽象的なぼんやりした画像です。これを下側にある雲のボトムラインに合わせます（[リニアライト]描画モード、[塗りつぶし]：8％に設定）。これらが組み合わさることで、イメージのざらつきと滑らかさが調和します。

プロのヒント
マテリアルの再利用

古い未使用のスケッチ・研究材料・使わなくなった作業ファイルで、現在作成中の構図にインスピレーションや視覚的な面白さを加えることができます。作成中のイメージでさまざまなサイズ・回転・フィルター・彩度を試し、まったく新しい作品のインスピレーションを受け取りましょう。

2時間のペインティング

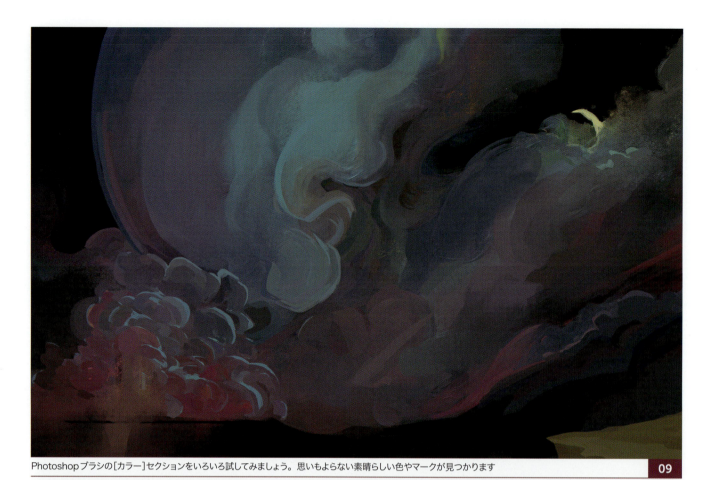

Photoshopブラシの[カラー]セクションをいろいろ試してみましょう。思いもよらない素晴らしい色やマークが見つかります　09

理想とするバランスは、左下の大きくロマンティックなストロークと、爆発したような粗いテクスチャの組み合わせです　10

ファンタジー：夜の嵐

09 ハードラインと色相の移り変わり

テクスチャの大半にマスクを掛け、ほどよく弱めたら、ブラシの作業に戻ります。このステップでは波のようにうねるフォームを定義し、大きめのブラシで鑑賞者の目を休める形状を作りましょう。

お気に入りのPhotoshopブラシは、[間隔]：19%、[テクスチャ]：オフ、[カラー]セクションの[明るさのジッター][彩度のジッター][色相のジッター]：3%に設定した不規則な形状です。以前は大きいスポンジのような大気のブラシを使っていました。しかし、新たに作成したキーシフト（KEY Shift）ブラシを使えば、細かく筆圧をコントロールできるので、ストロークの跡がきれいに分岐してブレンドします（※ダウンロードデータを参照）。

10 鮮明さと滑らかさ

このステップでは、個別のマークが構図全体に与える影響について考えましょう。私は、[粘り]を非常に低く、[ウェット]を高く設定したPainterの[アクリル]ブラシで、インクや煙のようなストロークを描きます。これで近接する領域をまとめ、カンバスの下部を滑らかにします。

鑑賞者の注意がそれないように、テクスチャブラシで（2つの焦点から）興味を引きたいラインに沿って斑点を加え、小さな船のシルエットを描いて、構図をまとめます。

11 自然な彩度

全体の構図に満足したら、ペインティングのムードと微妙なニュアンスにフォーカスしていきましょう。

通常、作品の仕上げにはPhotoshopの[レイヤー]＞[新規調整レイヤー]＞[自然な彩度]が役立ちます。この効果によって、色と雰囲気がさらに豊かになります。代わりに、低い不透明度のテクスチャを取り込み、[オーバーレイ]に設定してもよいでしょう。今回はまだディテールを加えたいので、[自然な彩度]：＋36に上げています。彩度を無事に調整できたら、[パレットナイフ]で整えていきます。

> " 全体の構図に満足したら、ペインティングのムードと微妙なニュアンスにフォーカスしていきましょう "

絵画的なストロークで上塗りしました。船の鮮明なシルエットは最後に追加します　　11

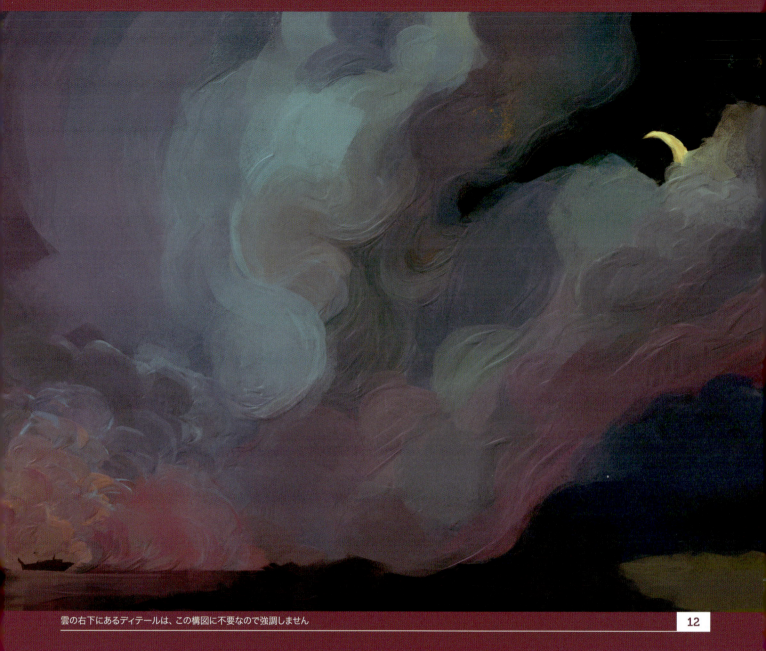

雲の右下にあるディテールは、この構図に不要なので強調しません

12 もう1度パレットナイフを使う

Painterに戻り、[パレットナイフ]（点パレットナイフブラシジッター）を使って最後のプロセスに取りかかりましょう。ステップ05で[パレットナイフ]を使用したときは、エネルギーと爆発のような動きを表現しました。ここでは時間をかけて、より慎重に作業を行います。ネガティブスペースをきれいに整えつつ、ぎざぎざしたストロークのエッジを滑らかにします。そして、[カラーピッカー]を使って波のようにうねる形状の微妙な移り変わりを表現しましょう。

ファンタジー：夜の嵐

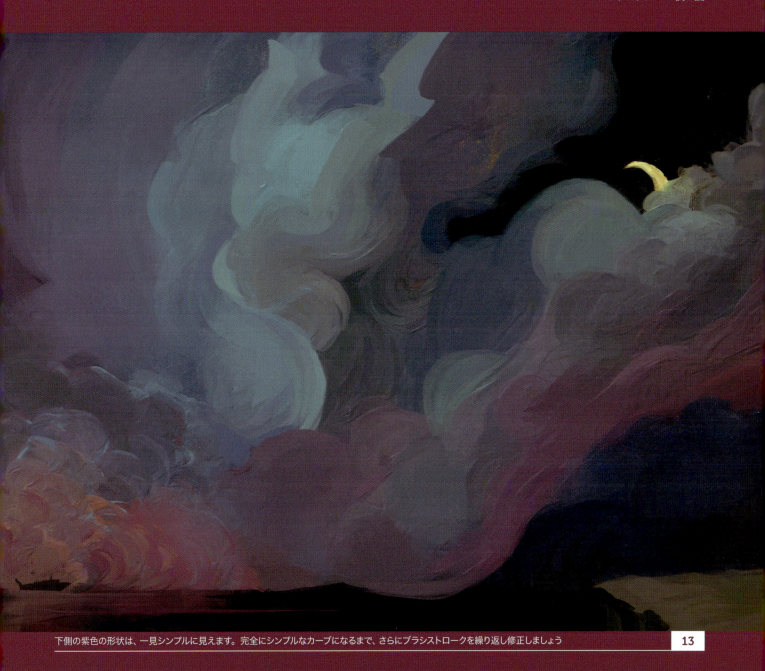

下側の紫色の形状は、一見シンプルに見えます。完全にシンプルなカーブになるまで、さらにブラシストロークを繰り返し修正しましょう

13 リズムと形状のバリエーション

前のステップできれいにしたネガティブスペースを［自動選択ツール］で選択し、その選択範囲を選んだまま下部のレイヤー（数ステップ前に複製しておいた統合レイヤー）に移動します。続けて、その領域をコピー＆ペーストして複製し、半透明にします。この上部にチョークまたはパステルブラシを走らせ、粗いブラシストロークを滑らかにしていきます。こうして形状を繰り返したり、分割して変化をつけたりすると、「目を休める」領域が落ち着きます。そして、そのパターンにリズムが生まれるでしょう。

この段階で形状がまだ均一に見えるときは、ステップ09のキーシフト(KEY Shift)ブラシで抽象的なストロークを加え、視線誘導を生み出します。また、月の周りにもネガティブスペースを作成し、雲のサイズに変化をつけるとよいでしょう。イメージの下部を暗くして水平面を作成すれば、縦や斜めに広がる雲とバランスを取ることができます。

14 微調整と仕上げ

最後は船に取り組みます。前のステップで目立たなくなった船のベース上に、シンプルなシルエットを描きます。焦点領域を強調したくないので［塗りつぶし］：59％にして、船が背景のうねりへ遠ざかるように演出しましょう。まだ少し滑らかに見える場合は、明るい色のチョークマークレイヤーをもう1つ追加し、そのテクスチャがほんの少し浮かび上がる程度にマスクしてください。

右下隅の大地を残すべきか、それとも取り除くべきか、難しい決断になりました。私は迷った末、この大地を取り除き、その空いたスペースを静寂の領域にしました。

仕上げを少し行えば、構図に生命が吹き込まれます。［自然な彩度］：30に上げて、Painterの［特殊効果］ブラシメニューにある［ふくらみ］ツールで、月のシルエットをさらにシャープかつ上品に調整しましょう。

［アクリル］ツールで、左下のうねる小さな煙フォームに滑らかな光の外輪（リムライト）を描いたら、続けて［エアブラシ］を［ハードライト］モード、［不透明度］：36％にして、この2つ目の焦点に少しパンチを加えます。最後に、［特殊効果］ブラシの［グロウ］で微妙なインディゴ色を加え、構図全体を統一して神秘的な雰囲気を強調させましょう。

ファンタジー：夜の嵐

ファンタジー：ドーム

2 HOUR

Ioan Dumitrescu

テーマに沿ったリファレンスを見つけてください　01a

リファレンスを使えば、色と光が選びやすくなります　01b

私はいつもスピードペインティングに取りかかる際、2〜3つのアイデアをあらかじめ用意しておきます。この作品では、「古代」「滅んだ文明」という2つのアイデアを用意し、「古代文明崩壊後の朽ち果てた中央集会場」の表現方法について考えを巡らせました！

そこで私は、古代の人々が叙事詩の劇を観賞し、お気に入りのグラディエーターに声援を送る「円形劇場・大浴場・歴史的な公共建築物」を描くことに決めました。スピードペインティングは、構図・光・色に対する眼識を養える素晴らしい方法です。2時間という制限に従えば、重要項目と意思決定、そして時間内に作品を仕上げるためにできることを把握できるでしょう。

01 リファレンス
このスピードペインティングは古代文明がベースになっているため、それに見合ったリファレンス画像を収集し、文明崩壊後の建築物を再現していきます。今回はローマに旅行した際に撮影した写真をリファレンスにします（**図01a〜c**）。

少し時間を割いて、この時代の巨大な建築物がどのように建てられたか考えてみてください。当時はもちろん、現代のような建築技術が存在しません。しかし、長い歳月を経て朽ちているその多くは未だに健在です。このペインティングではスケールが非常に重要になります。作業時間が限られているのでシンプルに進めましょう。

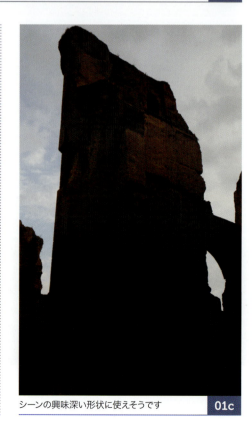

シーンの興味深い形状に使えそうです　01c

ファンタジー：ドーム

02 ベースカラーの作成

リファレンス画像の大きな形状をカラースケッチに取り入れましょう。私は日光がさわやかに透きとおって見える、春の昼下がりの美しいシアンブルーの空を選択しました。ところどころ崩れ落ちたコロッセウム風の建築物と巨大なドーム、そして、人間がかつて住んでいたかもしれない遺跡を作成します。

基本的な地面のテクスチャを設置し、明度と色を調整して、影が掛かっている感じを表現します。前景には大きな遺跡を追加してもよいでしょう。後景の大きなドームには必ず光を当ててください。これらの色によって、シーン全体に砂漠のような雰囲気が生まれます。

前景には、長い間打ち捨てられているような朽ちたボートも追加しました。こうして、ここはかつて河や海に面した豊穣な土地で、水路に沿って小さな波止場が続いていたことをほのめかします。そして、これは時の流れの象徴にもなります。コロッセウムの隣には、とても大きな市場がたっていたのかもしれません！

> " 私はいつも鑑賞者の心に語りかけ、感情を揺さぶるようなイメージを探求しています "

光と色のアイデアを含めた構図を、クイックスケッチしましょう　02

03 リファレンスの追加

では、収集したリファレンス画像を直接シーンにドラッグし、色を調整して合わせます。ベースカラーを青と黄にすれば、最終的により現実的なルックを演出できるでしょう。次は、シーンとオブジェクトの空間レイアウト、そして構図を決定します。最初のスケッチは壮大さに欠ける気がするので、カンバスを広げてスケールアップし、鑑賞者を圧倒させましょう。明暗の相互作用は構図全体において重要な役割を果たすので、遺跡に見合った格好いい形状を見つけ出し、その影を作成してください。もっと絵画的な見た目にするなら（フォトリアルでなく）、リファレンス画像の大半を上から覆わなくてはなりません。最終イメージをリファレンス画像で決定づけるのは避けましょう。

制限時間を逆手に取って謎めいた要素を作成し、鑑賞者にそのディテールと情報を想像させましょう。この遺跡は、背後にある歴史のスナップショットを示すスクリーンです。こうしてかつての世界を垣間見せ、その美しさを伝えるのです。私はいつも鑑賞者の心に語りかけ、感情を揺さぶるようなイメージを探求しています。

リファレンスをスケッチに追加して、イメージを素早く構築します　03

131

2時間のペインティング

テクスチャを追加し、色を試してより面白いものにしましょう　04

04 より面白いものに

この段階でイメージを水平・垂直に反転させてチェックしましょう。作業中は、特定の要素にフォーカスしすぎないよう注意しなければなりません。こうして自然な流れを持たせます。

シーンをある程度構築したので、テクスチャをさらに加えて色を試しましょう。今回はコロッセウムの上部に、低彩度の青みがかった赤レンガ・柱・アーチを描きます。これで高さにバリエーションが加わり、その後ろにあるものをそれとなく表現することができます。私は右中景にある岩の塊を分割することにしました。これによって鑑賞者の視線は光と影の相互作用に従いながら、フレームの端に向かってゆっくりと進み、そこで止まって再び中央に戻ります。

05 建築物の形状を洗練する

建築物がスケールの妨げにならないようにします。左の建築物の集合が後景を邪魔して、シーンを平坦にしています。円形劇場の外円の一部にも見えますが、求めているものではないので取り除き、代わりにドームが崩壊する前に建築物を支えていた3つの柱の構造を配置しました。

図05 には砂漠を反映した暖色の茶色があります。また、地面で反射する光の筋が雰囲気を作り、中景の右にある構造物へ続いています。

奥行きを加え、イメージのスケールをチェックします　05

ファンタジー：ドーム

06 建築物のリアリズムを求めて

中央のドーム跡の鋭い先端が、重力とスケールに矛盾しているように見えるので、もう少し大きく立体的なものに作り替えていきます。これにより、シーンにリアルな重量感が生まれ、過去にこの建築物に掛かっていた大きな力を表現できるでしょう（**図06a**）。

ドームは非常に複雑で、完成させるのが難しい建築物です。実際に長い歴史上で、数々のドームが崩壊してきました。完成形と言えるのは「パルテノン神殿」や「サン・ピエトロ大聖堂」などわずかです。

前景の船にマストを追加して、フレームのエッジを浮かび上がらせましょう。崩れたドームを利用すれば、鑑賞者の視線を重要な要素に引きつけることができます。**図06b**は、この構図の視線誘導を表しています。

過去に実際に建っていたかのように、壊れたドームをリアルに構築しましょう 06a

赤い矢印は、鑑賞者の視線の進み方を表しています 06b

2時間のペインティング

2人の小さな人間を右下に追加して、スケール感を表現します　07

07 シーンに人間を追加してスケールを表現

ここで中景の建築物の下に小さな人間を追加しましょう。2名のキャラクターで、周囲の壮大なスケールを表現できます。私は議論しているキャラクターを配置しました。彼らは周辺の建築物に興味がないように見えます。悲しいことに、我々人間は身の周りにある偉大なものを十分に堪能できないことがよくあるのです..

ドーム構造に沿ってディテールをさらに追加し、面白いパーツを組み込んで焦点にしましょう。それ以外の部分は影の一部になります。

08 仕上げ

最後に仕上げを施して、イメージをより興味深いものにしましょう。中景左の建築物に当たっている光は、後景と少し似ています。作品の雰囲気をさらに高めるには、この光にもう少しフィルターに掛けて、暗い赤の色調にすると良さそうです。地面にも同じプロセスを適用し、赤レンガが長い歳月の末、塵に変わった感じを表現してください。

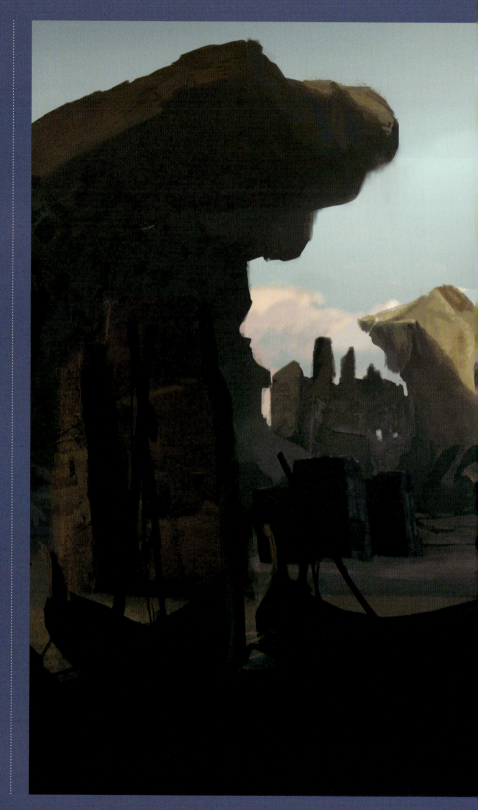

ファンタジー：ドーム

ファンタジー：静寂

Ioan Dumitrescu

このチュートリアルでは、もう1つの架空の歴史的景観をペイントします。今回は人類の歴史とは関連性の低い別世界を舞台に、魔法の土地のストーリーを作りましょう。そこでは、さまざまな物質が人の意志で（想像するだけで）折り曲げられています。

テーマに関するリファレンス画像を使わなくても、アイデアを得られることをお見せします。ここでは、さまざまなものに目を向けることが重要です。想像を広げ、ペインティングの条件に従って直観を働かせれば、思いがけないアイデアが湧いてくることでしょう。

今回は忍耐も重要です。空白のカンバスやアイデアの乏しさにひるまず、まったく新しいものを生み出せるまたとない機会と捉えましょう！チャンスをつかみ、失敗を受け入れることが、習得するための唯一の方法です。2時間かけて、雰囲気や感覚を表現するためのさまざまな方法を模索すれば、努力は必ずや報われるでしょう！

01 リファレンスを見つける

このチュートリアルでは特定のリファレンス画像を使いません。自分が持っている画像ライブラリをスクロールして、その中からインスピレーションが湧いてくるものを見つけましょう。私は線路とその脇に停車している貨物列車の写真に決めました。

気に入ったのは、この写真がもたらす「雰囲気・寂しげで静穏な環境・優れたパターンを織りなすさび付いた貨物列車」です。これはGoProという小型カメラで撮影しました。これを散歩中にポケットに忍ばせておけば、何か面白いものを見つけたときに手軽に撮影できます。

静穏のひらめきを得た元の写真　01

アイデアを決め、リファレンス画像を選んだら、ペインティングを始めましょう！　02

ファンタジー：静寂

02 ペインティング開始！

色をサンプリングし、現在の写真のパースに従ってペインティングを始めましょう。私はここから巨大な鋼鉄の砦を想像しました。カメラに向かって伸びる線路を、地面から空に向かって「流れ込む」砦の基礎として捉えます。これを追加することで、シーンはかつての面影を残しつつ、不吉で放棄された土地に変貌します。

03 カンバスを広げる

たくさんの要素をシーンに取り込んだので、次はカンバス右側を拡張してさらに開発できる空間を作りましょう。作業を制限するものはありません。ここまで、初期アイデアはすべてスケッチしたかもしれませんが、もっと面白いものに作り替える時間は2時間あります。さらに突き詰めてみましょう。

04 雰囲気を変える

現時点のイメージは、私の意図をまだ完全に反映していません。壮大かつ平穏な雰囲気に仕上げるのが最終目標です。これを実現すべく、建築物を主なコントラストの要素として捉え、その周りに手を加えましょう。スケールを大きくする必要がありますが、それは最終ステップで行います。まず、空を雲と霧で覆われた夕景に変えていきましょう。

元の写真を見返してみると、地面は雪で埋めるのが良さそうです。ここでは古い携帯電話で撮影した冬の写真から雪を選択し、建築物と地面を覆っていきます。私は写真にある積もった雪の形状を気に入ったので、その色調と色を変更して環境に合わせました。空と調和し、すべてが静寂に包まれたシーンを心に思い浮かべましょう。

05 形状の洗練

ここで形状を洗練していきます。このシーンは抽象的なものを表現しているため難易度も高めですが、気負わないようにしましょう。手順どおりに進めれば十分です。壁にぶつかったときは別の要素に取りかかり、そこで解決策を模索してみましょう。手応えを感じたら、最初の問題に戻り作業を続けます。

まだ、イメージの中心にある柱のような構造物に納得できません（別の状況であれば上手く機能したかもしれませんが）。そこでこの構造物を地面と雪に滑らかにつなぎ、周囲の形状を改良しましょう。

カンバスを右側に広げて、シーンにスペースをつくります 03

空を変更し、地面に雪を追加して、静穏さを表現します 04

形状を洗練し、構造物と地面のつながりを滑らかにします 05

2時間のペインティング

太陽光と霧を調整して、大気に厚みを出しましょう　　06

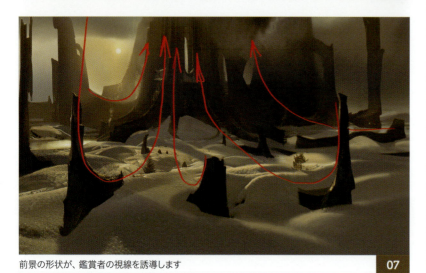

前景の形状が、鑑賞者の視線を誘導します　　07

06 構造物の調整と大気の追加
主な構造物に手を加え、鉄でできた巨大な砦を表します。良いシルエットができ上がったら、穴をあけて奥行きとスケール感を与えてください。次は大気を描いて、構造物を互いに切り離します。

もう少し大気が必要なので太陽と霧を調整し、豊かな雰囲気を作り出しましょう。小さなハイライト・隆起線・光を反射する鉄のパーツを加え、ボリュームを表現します。奥の構造物の突き出した部分に雪を配置してパースを出し、建物のボリュームをさらに洗練していきます。

07 視線の誘導
地面と突き出した鉄の柱に積もっている雪を調整し、中央の主要な構造物に鑑賞者の視線を引きつけましょう。構図を設定して主要な線を描けば、構造物が作るカーブに沿って視線を誘導できます。このカーブは、境界線に向かう鑑賞者の意識をブロックし、焦点を中心に合わせてくれます。

雪から舞い上がる蒸気によって距離が遠ざかり、このイメージの持つ壮大なスケールを引き立たせます。大気にも同じような効果があるので、霧状の雲を上部に追加して砦を包み込みましょう。

" 構図を設定して主要な線を描けば、構造物が作るカーブに沿って視線を誘導できます。このカーブは、境界線に向かう鑑賞者の意識をブロックし、焦点を中心に合わせてくれます "

ファンタジー：静寂

08 スケールを表現して、ペインティング完了!

最終ディテールに取りかかりましょう。スケールを相対的に表現する最適な方法は、人間の配置です。今回は砦に向かって進む、数名の流浪の戦士をペイントしました。彼らがストーリーを紡ぎ、ここで起きていることを伝えてくれます。また、鑑賞者はこのキャラクターに自分自身を投影できます。

このステップで注意するもう1つの要素は、ハードエッジとソフトエッジです。これらのバリエーションが構図の流れを生み、目を休めたり、先に進めてくれます。これは「強烈な太陽・柔らかい雲のフォーム・メインの構造物の周り」など、砦の左側で顕著です。砦の下には鋭いエッジがあり、雪の上に見える柔らかいマークは、風が雪をさらっていくことを表しています。

私は前景の柱のシンメトリ（対称性）が気になったので、右側の柱を大きくしました。バランスは均一性や対称性だけではなく、「大と小」「左と右」など、イメージ全体の要素から成っています。良いリズムと流れを意識し、鑑賞者の目を滑らかに導いて、最高の景観を表現してみてください。

1時間のペインティング

ピッチを上げましょう。制限時間は1時間です。この短い時間でも素晴らしい作品を生み出すことができます。ここでは8人のアーティストが、SF・ファンタジー・現実世界を見事な組み合わせで表現します。これらの幅広い題材から多くを学びましょう。

忘れられた探検家たち

Florian Aupetit

小さなスクリーンで作業する場合、必要なツールのみ表示したクリーンなインタフェースを作ります

01

スピードペインティングは、イラストの雰囲気作りや生産性の促進に役立つ手法です。それらは主に、将来に向けたスケッチや習作、より優れたペインティングを目的として実践されています。このチュートリアルでは、スピードペインティングのプロセスを段階的に説明します。

私が教える「3段階のワークフロー」が、皆さんの新しい作業方法の1つになれば嬉しいです。制限時間は1時間で、ジャンルは「SF」です。今回はプリプロダクションやペインティングの裏側にある思考プロセスに主眼を置くので、技術的に高度なチュートリアルではありません。スピードペインティングのプロセスでは、いくつかのヒントも紹介します。

01 インタフェースの設定

必要なものに手早く簡単にアクセスできると時間の節約になるため、インタフェースの設定はスピードペインティングにおいて極めて重要です。また、できるだけ多くの（特に主要ツールへの）ショートカットを知ることも大切です。最初に左のツールパネルを非表示にしましょう。

本当に必要なものだけを画面に残してください。次は右上に[カラーピッカー]、その下に[色調補正]パネルとレイヤーパネルを表示させます。これは万能なインタフェースではないかもしれませんが、私にとって最も効果的な設定です。インタフェースには、自分のワークフローを反映させるようにしてください。

> " 生産性を上げるには、堅実なワークフローが不可欠です。私は自分の失敗から学び、独自の3段階のワークフローを生み出しました。これは作品にストーリー性（ナラティブ）を加えるのに役立つでしょう "

3段階のワークフロー。ストーリーをしっかり練り、背景となるあらゆる話を発展させる　02

第1段階は短い言葉に集約するのが狙いで、膨大なアイデアに埋もれてしまうのを防ぎます　03

プレゼンテーションを考え、短文で説明。キャラクターや環境に合う小さな世界を創造する　04

02　3段階のワークフロー

生産性を上げるには、堅実なワークフローが不可欠です。私は自分の失敗から学び、独自の3段階のワークフローを生み出しました。これは作品にストーリー性（ナラティブ）を加えるのに役立つでしょう。通常は、イラストやコンセプトアートにこのワークフローを使用しています。スピードペインティングはもちろん、作成するどんな種類の絵にも適用できます（プロセスの一部は頭の中で行います。もし時間に余裕があれば、それぞれの段階でアイデアを紙に示し、ディテールを書き留めましょう）。

03　①キーワード

第1段階は「キーワード」です。自分のトピックやテーマに関連する言葉を考えていきましょう。ストーリーを生み出す最も簡単な方法は、テーマに関連する言葉を思い付きで書き出してみることです。ここではイメージを思い描くのではなく、1時間で作成したいものについて考えてみてください。これは色・感情・場所・オブジェクトでもよいでしょう。

さあ、ペイントしたいものが見えてきたでしょうか。必要ない無関係な言葉は削除しておきましょう。

04　②ストーリー

使用するテクニックや画材に関わらず、私が最も重要視していることは、その絵で鑑賞者に見せる「ストーリー」です。第2段階では、自分自身に「なぜ」という質問を投げ掛けてみましょう。

「なぜこの絵なのか？ なぜ他のストーリーでなくこのストーリーを選んだのか？」

前のステップで選択したキーワードを見ると、このストーリーは「宇宙船・寒い環境・発見」に関連していることがわかります。通常、私は絵の内容に関するショートストーリーを書いてみます。ここでもう少し時間があれば、複数のバージョンを書いて最適なストーリーを決めるでしょう。今回は「祖先を探すために遠くから旅してきた探検家チーム」が登場します。

> 1時間のペインティング

背景をさまざまなビュー（側面図／上面図など）からスケッチし「カメラ」の配置を考える

05 ③ロケーション

第3段階ではストーリーの舞台となる「ロケーション」を決めましょう。ストーリーの舞台は、雪と氷で完全に覆われた地球です（厳しい氷河期かもしれません）。シーンの主な焦点は「ロケット」で、緑がかった氷でできた巨大な洞窟の奥深くに埋もれています。カメラアングルを決めるため、シーンを複数の異なるビューで表した簡単なスケッチを数枚描きましょう。

06 背景（環境）のリファレンス

私がスピードペインティングで最も楽しみにしているのが、リファレンス画像のリサーチです。冷たい氷で覆われた環境を舞台にしているので、アイスランドの氷や氷の洞窟、ひっくり返った氷山の写真を探しました。太陽光が氷の壁と反応する様子がわかる画像を見つけておきましょう。

" 絵の雰囲気や印象を決めるのに、私がよく使う特別なプロセスを紹介しましょう。それは、一連のサムネイルで最高のムードを発見できる簡単な方法です "

時間をかけてさまざまなリファレンスをたくさん集めましょう。これらは今後のステップで大いに役立ちます

07 ロケットを探す

私は宇宙探査が大好きなので、ペイントしたいロケットの種類は決まっています。それはもちろん、人類が製造した最も大きく強力なロケット「サターンV」です。幸いにも、実物大のサターンV（復元されたもの）がフロリダ州のケネディ宇宙センターに展示されているので、素晴らしいリファレンス写真は簡単に見つかるでしょう。できるだけ多く、そしてさまざまなアングルで撮られたものを手に入れてください。

ロケットが横たわる位置を決めたら、そのアングルに集中しましょう。今回のロケットは横倒しになっていて、剥がれ落ちた破片が周囲に散乱しています。ロケットパーツの画像もたくさん見つけておけば、作業を快適に進められるでしょう。

08 効果的な雰囲気を作り出す

ライティング（照明）は、ストーリーテリングにおいて強力なツールです。シーンの光を観察すると、その状況について多くを学べるでしょう。たとえば「善」と「悪」のキャラクターの明るさや当たっているライトの色は、その心理状態や場所を反映しています。

私は宇宙探査が大好きなので、「サターンV」を必ず入れようと思いました　07

絵の雰囲気や印象を決めるのに、私がよく使う特別なプロセスを紹介しましょう。それは、一連のサムネイルで最高のムードを発見できる簡単な方法です。まず、大きく滑らかなブラシで白黒から始めましょう。図08のように、1段めのサムネイルにさまざまな種類のライティングをペイントします。ただし、目を細めて見ているかのように、とても単純な形状に留めておきます。次も同じやり方で色を使って2段めのサムネイルを描きますが、前よりもっとぼかします。最後は両段のサムネイルを複製し、白黒サムネイルの上にカラーサムネイルを重ねて［覆い焼きカラー］を適用してください。図08は私が作ったものの一部です。

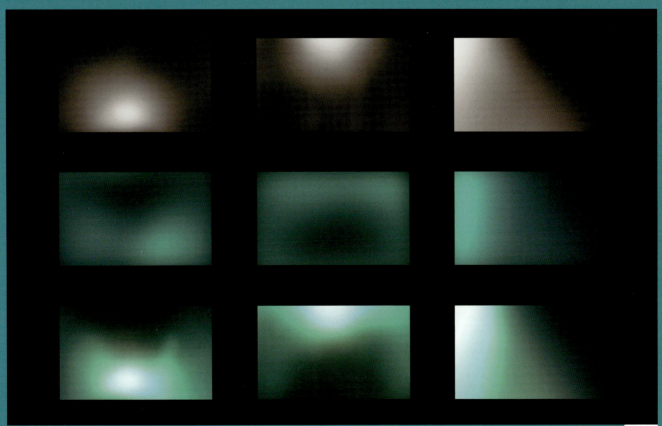

ライティングは、目を細めて見ているところを想像してください。大きく滑らかなブラシを使って、好みのムードを大まかにペイントします　08

1時間のペインティング

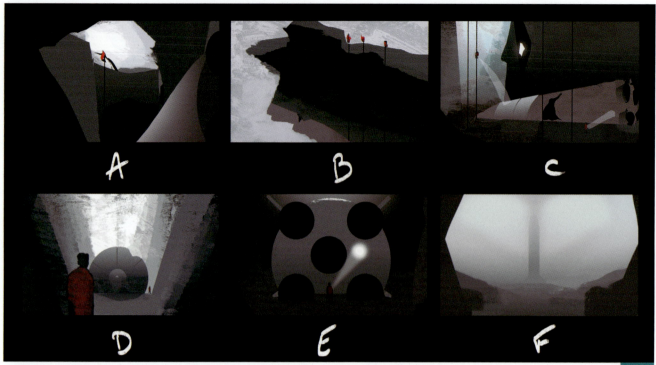

絵を理解するのに構図は極めて重要です。このステップではさまざまなパースを試して、まったく異なる構図を作ります　09

[なげなわツール]で形状を大まかに描きます。ここでも目を細め、絵を広い視野で見ます　10

09 有名な構図のサムネイル

いよいよ構図に取り掛かります。これは素晴らしい絵を描くのに欠かせないステップです（サムネイル無しでも可能ですが、時間と品質が失われるでしょう）。これまでのステップすべてを思い出し、小さなスケッチに単純化していきます。鑑賞者に届けたいストーリー・ライティング・背景・キャラクター・感情などを想像してください。

素早く6つのサムネイルをペイントします。特に決まりはないので白黒でも、色を少し使ってもよいでしょう。私は空間の使い方が気に入ったので、図09のCを選びました。

10 形状を描く

サムネイルを確認したら、大きな形状から描いていきましょう。明度と形状のマッス（塊）を検討し、明暗のバランスを上手くとってください。私の場合、後景に明るい色を配置（主な光源は左上から当たっています）、前景は他の部分よりも暗くします。必要に応じてパースを修正しましょう。ロケットにも手直しが必要かもしれません。さらに、後景の奥の方に別光源を配置して、奥行きを加えます。

忘れられた探検家たち

[グラデーションマップ]調整レイヤーは、薄い色みをつけるのに最適です　　　　　　　　　　　　　　　　　11

リファレンスを使って壁を大まかにペイントします。光が表面で反応し、色を変化させる様子に着目してください　　　12

11 色を適用する

ここまで白黒で作業してきました。今度はステップ08で検討したムードを簡単に適用してみましょう。具体的には、[グラデーションマップ]調整レイヤーと[Camera Rawフィルター]を使い、コントラストと色を微調整します。まず、[グラデーションマップ]調整レイヤーを作成し、グラデーションをクリックして明るい色や暗い色を追加します。次は、1番上にすべてのレイヤーを統合したレイヤーを作成（**[Shift]＋[Ctrl]＋[Alt]＋[E]キー**）、続けて[Camera Rawフィルター]を適用して（**[Shift]＋[Ctrl]＋[A]キー**）コントラストを調整します（※Photoshop CCバージョン以降）。また、グラデーションをマスクにして新しい設定を作成すれば、絵の特定領域の色温度のみを変更できます。

12 氷を作る

リファレンスを別スクリーンに表示し、行き来してチェックできるようにします。主光源は左上にあるので、ほぼ不透明な洞窟の暗い壁に比べ、氷の色は明るく鮮やかになります（氷は多くの光を散乱させます）。色をさっとブレンドするのに必要なツールは、[なげなわツール][グラデーションツール][混合ブラシツール]です。エッジに注意しながら、[なげなわツール]でハードエッジ、[混合ブラシツール]でソフトエッジを調整しましょう。

147

13 ロケットを追加する

ロケットは基本的に円柱なので、それほど難しくありません。消失点を左に配置し、[ラインツール]でガイドラインを数本加えます。サターンVロケットはほとんどが明るいグレーの塗装なので、氷の洞窟内では少し青みや緑を帯びて見えるでしょう。これは光がロケットの表面に届く前に、氷によって散乱するためです。

エンジン用に暗い楕円をいくつか描き、経年劣化を表すさまざまな亀裂を胴体に加えます。ここでは光の2次反射については考慮せず、ロケットの外形に専念しましょう。

ロケットは基本的に円柱なので、消失点を探し、ガイドラインに従います 13

14 ロケットを微調整する

私は通常、小さめのカンバスで作業するのを好みます(50%ズームくらい)。そうすれば、絵を広い視野で確認できます。しかし、このステップではそのルールを無視しましょう!

[混合ブラシツール]でロケットのボディを滑らかにしていき、その下部に反射光を加えます。続けてエンジンに手を加え、最後に船腹の穴付近に金属の骨組みや赤い金属片などのディテールを描きます(これは発射台の残骸です)。翼にハードエッジを加えてもよいでしょう。ここでもリファレンスが役立ちます。

念入りにロケットを微調整します。カスタムシェイプで梁や船腹などのディテールを追加 14

15 断崖を懸垂下降する

構図にキャラクターを加えるときは、シンプルなシルエットを重ねるだけではいけません。キャラクターを使ってストーリーを伝えましょう。今回は懐中電灯の光線を利用して、鑑賞者の視線を構図の中で誘導するとよいでしょう。まずロープが視線を下へ誘い、続けてロケットの接地部分から右のキャラクターへと移動します。最後にキャラクターが照らす光線と後部の翼によって、ロケットへ導きます。

キャラクターに意図を見出し、より良い構図にします。懐中電灯の光線が目を誘導します 15

16 雪を描く

ご存知のように、雪が真っ白であることはほとんどなく、周囲の色に染まります。ここではロケットの周辺にたくさんの氷があるので、寒色系の明るいグレーになるはずです。ステップ05で描いたロケーションの簡単なスケッチが、雪を追加する場所を判断するのに役立ちます。洞窟内には大きな穴が開いているので(キャラクターたちはここから入ってきます)、この穴のすぐ下の領域は雪で覆われていることでしょう。地面に霜を追加し、エンジンの上や、下側の排気口の内側にも雪の山を追加しましょう。

雪が真っ白になることはめったになく、周囲の色に染まります(大抵は空。ここでは氷の洞窟) 16

忘れられた探検家たち

霧などの環境効果を加え、冷たい雰囲気と神秘性を加える

17

17 環境効果を追加する
環境効果はムードを設定するのに重要です。たとえば、「霧」は絵のストーリーに神秘性を加えるのに役立ちます。ここでは低い不透明度、大きなサイズの滑らかなブラシを使いましょう。明るい色（雪の色など）で、後景（ロケットの前部、フレーム左上の光源付近）に霧を追加します。

18 氷のディテールを作成する
別スクリーンに表示したリファレンス写真を参照し、氷に映った反射をさらに細かく描きましょう。明るい青を選び（真っ白や真っ黒は使いません）、さまざまな光源と向き合う部分に反射を追加します。まず[なげなわツール]で選択範囲を作成し、壁の割れ目に奥行きを加えます。次に[グラデーションツール]を[乗算]モードに設定し、選択範囲の一部を塗りつぶします。約55～58分が経過して、絵はほとんど完成しました。あとは少し色調補正を行うだけです。

探しておいたリファレンスを利用して、氷のディテールを作成する

18

149

1時間のペインティング

19 仕上げとまとめ

数分残っているので、まず[Camera Rawフィルター]で[露光量]を下げてコントラストを加え、高い明度を強調します。[ホワイトバランス]も変更して、絵に寒色系の雰囲気を加えましょう。次は、グレインで絵に統一感を与えます。[オーバーレイ]に設定した新規レイヤーを作成し、50%グレーで塗りつぶします。この時点では何も見えませんが、[ノイズ]フィルターを適用して不透明度を下げると、粒子が見えるようになります。

ここでちょっとした裏技を使い、暗い色にもっとグレインのテクスチャを加えましょう。まず、絵を複製し([Ctrl]+[J]キー)、彩度を下げて([Shift]+[Ctrl]+[U]キー)、階調を反転([Ctrl]+[I]キー)してください。次に、2つめのグレインレイヤーを用意し、反転したモノクロ画像をレイヤーマスクとして適用します。

このチュートリアルがスピードペインティングの技術的側面だけでなく、最初のブラシストロークを入れる前のプロセスでも役立つことを願っています。私たちにとって、ストーリーを伝えることは必要不可欠です。どんな場合でも、ストーリー性のある絵は、それがない絵に勝ります。

プロのヒント
絵を反転させる

人には利き目があります(3分の2は右目が利き目で、3分の1は左目が利き目です)。つまり人は無意識のうちに、絵の片側でパースを強調させることがあります。これを避けるため、キャンバスを左右に反転させるショートカットを作成しておきましょう。

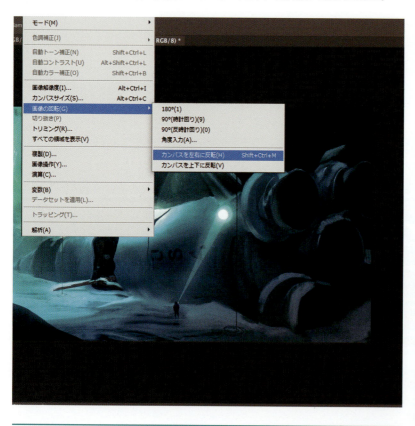

150

忘れられた探検家たち

SF：火星の工場

Massimo Porcella

明度を利用して、構図を作り込む　　01

このチュートリアルでは、テクスチャ・色・構造を活用して、1時間で素早くSFのペインティングを完成させます。

01 アイデアとスケッチ
どんな絵でも、初期アイデアは最も重要なパートの1つです。それを足掛かりにして、最終イメージに向けて作業を進めます。ここでは「SF」をテーマに絵を作成します。まず、初期形状と構図から始めましょう。これはコンセプトを踏まえるだけでなく、実際のシーンの土台にもなります。

シンプルなソフト円ブラシで、構図をざっとスケッチしましょう。平坦なブラシに切り替えて、建築物のボリューム感を出していくと構図がまとまってきます。別レイヤーに明度を設定し、平面や空気遠近法を表現して奥行きを出しましょう。明度は奥が最も明るく、手前が最も暗くなります。

02 形状を描く
これは私の最もお気に入りのプロセスであり、間違いなく最もクリエイティブなパートです。スケッチの骨組みやバックボーンとなる構造的な形状を作成しますが、このとき「何を見せたいのか」を考えてください。今回は工場のようにそびえ立つ、火星の巨大な構造物を描くことにします（図02a）。

面白みのある構造の形状を作るのは楽しい作業です　　02a

" SFっぽい雰囲気を保つには、直線的な建築の線で構造物をデザインする必要があります "

SF：火星の工場

各平面（前景・中景・後景）に対応する明度を選択します　02b

建物のボリュームを作り上げ、イメージに奥行きを出します　03

新規レイヤーを作成し、[多角形選択ツール]と[ブラシツール]で面白い未来的な形状を描きます。満足したらそれを複製し、[自由変形]で別の面白い形状に伸ばします。この手順を数回繰り返し、構成要素（建築ブロック）を使ってコンセプトを発展させましょう。形状をそれぞれの平面レイヤー（前景・中景・後景）に配置し、対応する明度をステップ01から選びます（**図02b**）。

03 ペインティングとボリューム

構造物のボリュームと立体感を描いて奥行きを出し、スケッチ全体にリアリズムを加えましょう。

再びステップ01の明度に戻り、環境の奥行きと全体のカラーパレットを決めていきます。[スポイトツール]でボリュームの色を選択してください。SFっぽい雰囲気を保つには、直線的な建築の線で構造物をデザインする必要があります。これを行うには、[Shift]キーを押したまま先の平らなハードエッジブラシを使用します。

04 コントラストと鮮明度

トーンカーブ（[レイヤー]＞[新規調整レイヤー]＞[トーンカーブ]）でシーンにコントラストを加えましょう。レイヤーごとに色を選んでペイントし、アイデアを鮮明にします。これは、火星の重苦しい大気を醸し出すことが目的です。明暗を際立たせ、大小のボリュームを作成していくと、コントラストと奥行き感が高まり、後景・中景・前景を表現できます。

火星の重厚な大気を作り上げる　04

05 ベースカラー

イメージの明度が決まったので、ベースカラーを加えます。このイラストは火星が舞台なので、「暖色系のオレンジ」がふさわしいでしょう。私は[グラデーションツール]とさまざまな描画モード（[カラー][ソフトライト][オーバーレイ]など）を使用します。お好みのモード、または明度に合うモードを選んでください。

ここで[グラデーションツール]が最適なのは、スケッチのあらゆる部分に合う色を選択できるからです。建物の下の地面から始め、建物の輪郭の陰（シルエット）へと進み、最後に地上と空の間にある陰を表す色を選択します。カラーパレットをなめらかにするため、[消しゴムツール]ですべての色をブレンドしてください。

[グラデーションツール]でベースカラーを加える　05

153

1時間のペインティング

私が使用するテクスチャの小さいサンプル　06a

テクスチャは絵を生き生きと見せます　06b

06 テクスチャリング

次は最もお気に入りの、そして最も手っ取り早い作業プロセスの1つ、テクスチャリングです。ほとんどのアートプロジェクトと同様に、描きたいルックを基にして、時間をかけてリファレンス写真やテクスチャを集める必要があります（図06a）。

リファレンスを手に入れたら、さまざまな描画モードと面白いパーツを使って平面（主に中景と前景）にテクスチャを加えていきます。[多角形選択ツール]で絵の好きな部分を選択し、[ソフトライト]描画モードでテクスチャを適用しましょう。こうするとカラーパレットは維持されますが、テクスチャの色調で混ざり合います。ここでも、不要な部分は[消しゴムツール]で消去します（図06b）。

07 テクスチャとブラシストロークを追加する

引き続きテクスチャリングプロセスを進め、新規レイヤーにブラシストロークを追加しましょう。このプロセスでは、テクスチャリングとペインティングをブレンドして、イメージの基本構造を定義します。リアルなディテールを描きたい領域に、テクスチャを加えましょう。新規レイヤーにさらに描き込みますが、描画色はテクスチャの明度をベースにし、テクスチャとの連続性を意識してください。この手法は同じテクスチャを異なるバージョンで表し、絵に連続性とバリエーションを持たせるのにも最適です。

引き続きテクスチャを適用し、その上にペイントする　07

SF：火星の工場

08 ムードと光

この段階で時間をかけて絵にムードと大気を作り込めば、被写界深度に素晴らしい効果が加わるでしょう。

建物の間にパーティクルエフェクトのブラシを使い、煙や霧の印象を与えます。また、地面の上のシーンをミラーリング（反転）させ、輝きを放ち反射する地面を作成しましょう（図08a）。前景を中景から分離して奥行きを増すには、反射のすぐ上に単色の構造物をさっと描きます。

上半分に進み、作業を続けます。[なげなわツール]で建物の上部を選択し、ソフトブラシで光を少し加えます。[オーバーレイ]レイヤーで各平面にある構造物を分離し、大気の印象を作り出しましょう（図08b）。目指しているルックは、大気汚染された活動的な都市の夕暮れ時なので、光はとても柔らかく拡散的です（まるで手で触れられそうな感じです）。

" ソフトブラシで光のエッジを丁寧にブレンドしてください（光の筋だけでなく、光が構造物の表面に反射している場所でも）"

09 コントラストと中間色

再びコントラストを調整して、暗い色を少し抑えましょう。これは、どんよりした印象を与えたいときの便利な裏技です。調整レイヤーパネルで[トーンカーブ]を開き、暗い色・中間色・明るい色の3点を加えます（図09左）。

輝きを放ち反射する地面は、シーンに奥行きを与えます　08a

大気を印象付けるには、建物をそれぞれの平面に分離する　08b

中間色を下げるとそれぞれの平面同士が混ざり合い、統合されます。またテクスチャリングとペインティングがブレンドされてスタイルが近づき、面白い効果が生まれます。明るい色調は次のステップで調整するので、ここでは低いままにしておきましょう。

この手法は手早くコントラストを調整できるだけでなく、均一なムードも作り出すので、環境全体が「生き生きとして」リアルに感じられます（図09右）。

[トーンカーブ]を使ったコントラストの調整は、作品によりリアルな感じを出すときの最適な方法です　09

1時間のペインティング

[覆い焼きカラー]は、絵に光を加えるのに最適なツールです　　10a

10 ライト
[覆い焼きカラー]の出番です。[スポイトツール]でシーンのオレンジ色を選択し、ビルや手前の建造物の間に光を作成しましょう（**図10a**）。私は[多角形選択ツール]でこれらにかかる斜めの線を描きます。

続けて[覆い焼きカラー]に設定した新規レイヤーを作成し、ビルや建造物のエッジにリムライトを描き、それらのシルエットを周辺領域から際立たせましょう。その後、ソフトブラシで光のエッジを丁寧にブレンドしてください（光の筋だけでなく、光が構造物の表面に反射している場所でも）。こうすると、リアリズムと視覚効果が一層強調されます（**図10b**）。

11 宇宙船
主要な部分が完成したのでディテールに進みます。シーンをダイナミックに生き生きとさせ、スケール感を出していきましょう。

別レイヤーにシンプルな宇宙船のシルエットを描いて、飛び回っている印象を与えます。ベースとなるシルエットができたら宇宙船を大まかに描き込み、シーンの主要な部分から抽出した色でディテールを加えてください。こうすると、宇宙船がリアルにシーンに溶け込みます（**図11a**）。

建造物にリムライトを描いて、さらにリアリズムを加える　　10b

小さな宇宙船を追加してスケール感を出し、構図を生き生きとさせます　　11a

156

SF：火星の工場

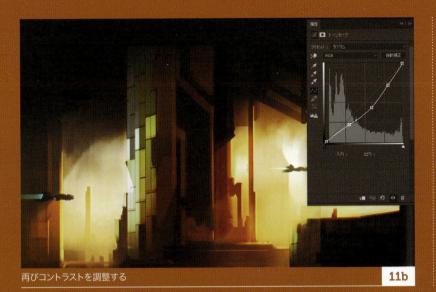

再びコントラストを調整する　　　　　　　　　　　　　　　　11b

ステップ09の［トーンカーブ］の手法を繰り返し、再びコントラストを加えて、中間色をブレンドします（**図11b**）。こうすると光が再統合されて大気と混ざり合い、宇宙船がさらに構図に溶け込みます。最後に明るい色を少し強くして、空を明るくします。

12　影とぼかし

プロセスの最終段階です。まず、すべてのレイヤーを1枚に統合しましょう（[Shift]＋[Ctrl]＋[Alt]＋[E]キー）。次に、調整レイヤーパネルの［色相・彩度］で彩度を完全に下げます（**図12a**）。［トーンカーブ］［レベル補正］も使い、最も明るい白と最も暗い黒を捉え、できるだけコントラストを上げてください（**b、c**）。

［色相・彩度］で彩度を下げる　　　　　　　　　　　　　　　12a

［トーンカーブ］と［レベル補正］を併用して、最も暗い黒を引き出します　　12b

1時間のペインティング

最も暗い黒と最も明るい白
12c

色付けしたマスクの選択範囲
12d

続けて、[自動選択ツール]で黒だけを選択し、その選択範囲でマスクを作成します。では新規レイヤーを作成し、[グラデーションツール]とマスクを使ってペイントしましょう(**図12d**)。これによって暗くしたい部分をコントロールしやすくなり、構図にコントラストと被写界深度を追加できます。仕上げとして、イメージの奥の方に少しぼかしを加えると、さらに奥行きが増し、ムードが強調されるでしょう。さあ、これで完成です。

SF：火星の工場

"どんな絵でも、初期アイデアは最も重要なパートの1つです。それを足掛かりにして、最終イメージに向けて作業を進めます"

ファンタジー：恐怖に立ち向かう

Alex Olmedo

画像提供: Ben Mauro (https://gumroad.com/benmaurodesign)

色と斜めの構図に注目したオリジナルの写真

01

このチュートリアルで紹介するのは、伝統的な絵画調でスピードペインティングを作成する方法です。これは自分のスキルを磨くのにうってつけです。想像力を働かせ、アイデアを素早く再現するのに最適なテクニックを明らかにしましょう。

ここで使用するテクニックは、あらゆる写真をファンタジー風に変えるのに役立ちます。具体的には、リファレンス写真の色とテクスチャを利用します。最初は大まかにゆっくりと形状に生命を吹き込み、好みの雰囲気とナラティブ（ストーリー性）を与えていきます。

01 リファレンス画像

リファレンスを探すのはとても簡単です。自分で撮影する、簡単にオンライン検索する、あるいは**Tumblr**や**Pinterest**などの画像収集サイトでリファレンスライブラリを作ってもよいでしょう。**photobash.org**などのウェブサイトでは、大量のリファレンス画像を（手頃な価格で）購入できます。

私は自分の画像コレクションに目を通し、色と雰囲気が面白い画像を選びました（図01）。これは、Ben MauroのGumroadページで手に入る「Matte Painting」のリファレンスパックのものです。

" 新しい形状は、「幸運なアクシデント」を通じて見つけるとよいでしょう "

160

ファンタジー：恐怖に立ち向かう

02 写真を加工する

まず、［自由変形］（[Ctrl]＋[T]キー）でリファレンス画像のサイズを変更し、カンバス上で動かして、より良い構図を見つけましょう。ぼやけたり焦点がずれると困るので、あまり歪めないでください。

空気遠近法の基本原則に従い、後景を最も明るく、中景を暖色系に、前景を暗くします。

03 最初のストロークを加える

［カラーピッカー］で煙の色を選択したら、新規レイヤーにお気に入りのブラシで大きなブラシストロークを描きます。特定の形にこだわらず、直感的な絵画調にしてみてください。同じブラシを［混合ブラシツール］モードで使ってエッジを柔らかくし、色をさらに混ぜましょう。このモードは、伝統的なルックの作品にしたい場合に最適です。

04 幸運なアクシデント

新しい形状は「幸運なアクシデント」を通じて見つけるとよいでしょう。ブラシストロークで試している（あるいは写真テクスチャを追加している）ときに、人物やクリーチャーなどの面白い要素が見つかることがあります。

最初の暗くかすんだストロークが、クリーチャーの頭に見えたので、ドラゴンの形が現れるまで描き続けました。

構図やテクスチャの品質に注意を払いながら、画像を変形します　02

［混合ブラシツール］を直感的に走らせ、伝統的な画材を模倣したリアルなストロークを描く　03

ペイントしている最中に形状が現れることもあります　04

161

1時間のペインティング

何度か失敗した後にできたドラゴンのポーズ。このポーズは想像力をかき立てます　05

05 ドラゴンのポーズ

ドラゴンの頭部ができて、残りの胴体も見えてきました。次はどうしますか？ここでは、ドラゴンが何をしているのか考えてみましょう。「歩いていますか？」「それとも攻撃していますか？」私は攻撃している動作に決めました！威嚇するポーズで翼を広げた姿を描き、翼の輪郭は背景に溶け込ませます。[ブラシツール]と[指先ツール]で、神秘的な雰囲気を出しましょう。

06 ムードを強調する

絵のムードは、色・ライティング・形状を通じて表現されます。この写真はどんよりしているので、いろいろと試す余地がありそうです。ドラゴンの形状を背景に溶け込ませると暗く神秘的に見えるので、イメージの裏側にあるストーリーの補完は、鑑賞者の想像力に任されます。つまり、鑑賞者をイメージに深く引き込んで関心を高めることができます。

構図がしっくりこないときは、イメージを反転させてみましょう。これにより、驚くほどの違いが生まれることもあります。

[指先ツール]はエッジを柔らかくして背景に溶け込ませ、雰囲気をもっと醸し出すことができます　06

ファンタジー：恐怖に立ち向かう

メインの対象物を4つの焦点の1つに近付けると、鑑賞者は素早くそれを見つけることができます　07

07 焦点

構図の基本原則である「3分割法」を用い、焦点の1つにドラゴンの頭部をペイントします。鑑賞者の目を休ませたい場所には、さらにディテールを描画しましょう。標準ブラシと[混合ブラシツール]を活用し、鱗と角、そして目と口を連想させる要素のディテールを頭部に加えます。これは焦点ですが、絵画調のルックを維持したいのではっきりと描きません。

08 胴体を明瞭に描く

ドラゴンの位置と意図がはっきりしたので、環境に接地させましょう。リファレンスを何度も見るのは必ずしも良いとは言えません。もっと自分の感性に従い、独創的に描いてみてください。

私はほとんどの人がすぐに理解できそうな「ネコ科動物の典型的な攻撃態勢」のポーズを選びました。胴体の残りの部分でも作業を続け、フォームを描き直しましょう。ストロークに注意を払いながら、分厚いフォームを構築します。

ドラゴンはほぼ完成です　08

09 カンバスを反転させる

絵の構図やバランスの誤りを避けるのに最適なテクニックは「カンバスの反転」です。長時間にわたって同じ絵を見ていると脳が慣れてきて、構図やプロポーションの誤りを見落としてしまいがちです。そこで、イメージを反転させるショートカットを設定することをお勧めします。これは時間の節約につながり、作品の出来映えを向上させるでしょう。

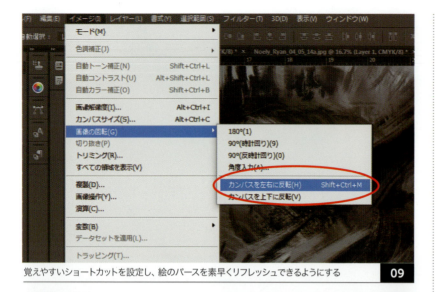

覚えやすいショートカットを設定し、絵のパースを素早くリフレッシュできるようにする　09

10 カラーパレット

中間色で低彩度のカラーパレットを使います。ドラゴンの色を背景から選択し、明度と色相を少し調整すれば、調和のとれた絵になります。また、反射光を考慮するのも重要です。主要な対象物（ドラゴン）の胴体下部にオレンジや茶色を使い、ハイライトに空の明るいグレーを加えると鮮やかになり、鑑賞者の関心を引きます。

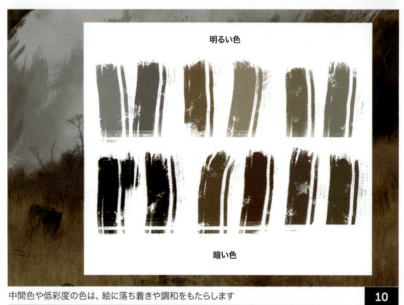

中間色や低彩度の色は、絵に落ち着きや調和をもたらします　10

11 補助的な対象物のシルエット

背景に満足したら、次は補助的な対象物（キャラクター）に焦点を当てます。1時間の制限があるので、選択肢をシンプルにしましょう。私が選んだのは「ドラゴンハンター」です。彼は草原に立ち（あるいは馬に乗り）、巨大なドラゴンを攻撃しようとしているに違いありません。キャラクターを追加するときは、ハードブラシでシルエットの基本形状から描き始めてください。こうすると、プロポーションやポーズが明快になるでしょう。

12 補助的な対象物を描く

シルエットにも満足したら、［自由変形］で人物がシーンに溶け込むように変形やストレッチを行います。ディテールをさらに追加するには、［透明ピクセルをロック］をオンにして、周囲の領域の色を利用してペイントを始めます。フォームの一部を光と影のみで表現しましょう。形状をはっきりさせるには、ハードな［消しゴムツール］でエッジを整えてください。

13 衣装デザイン

前のステップで追加した色を利用し、色相や明度を試しながら、ボリュームやディテールをさらに追加しましょう。ドラゴンハンターには鎧と兜が必要です。他の部分に使ったブラシや、［散布］［テクスチャ］を設定した別のブラシで、鎧や衣服のさまざまなパーツを描き始めましょう。また、ここで新しい色相を取り入れてみます。燕尾服の緑の色調は、焦点となるドラゴンハンターの衣装にぴったりです。

シルエットは、キャラクターを正しく配置するときに役立ちます　11

ファンタジー：恐怖に立ち向かう

色付けを始めるときは、クリッピングマスクやレイヤーの透明ピクセルをロックしましょう　12

体にぶら下げる／装着するものを追加してシルエットを崩し、真実味を出します　13

1時間のペインティング

補助的なキャラクターの最終的な配置　　　　　　　　　　　　　　　　　　　　　　　　　　　　14

14 構図を修正する
もしキャラクターの配置に満足していなければ、適切な位置までストレッチ・移動させましょう。そうすれば、構図を簡単に修正できます。図の新しい位置では、より大きく、鑑賞者に近くなっています。元の写真で私が気に入った対角線構図に従い、キャラクターをメインの対象物（ドラゴン）の反対にある焦点に配置すると、絵のバランスと流れが良くなります。

15 微調整の段階
絵はほぼ完成したので、最後に小さなディテールを加えましょう（ショートカットキーでカンバスを再度反転しました）。まず、ディテールを加えたいパーツの近くにズームインしてください（ほどほどに）。ここでは、あまり重要でない要素や不要なディテールに時間をとられてはいけません。終始、直感的なやり方に従いますが、それでもブラシストロークを描くタイミングと場所は慎重に考えましょう。

16 メインキャラクターを引き立たせる
プロセスの終盤では最後の仕上げを行い、イメージ全体のバランスをとります。ドラゴンハンターのレイヤーを複製し、[イメージ]＞[色調補正]＞[明るさ・コントラスト]を選択、スライダを調整して好みの明度に合わせましょう。こうすると空気遠近法の効果が加わり、2つの焦点がさらに遠く離れているように見えます。

テクスチャブラシを使って、コートの模様などキャラクターのディテールをさらに描く　　　15

コントラストを上げると、前景の要素がカメラ（鑑賞者）の近くに見えます　　　16

17 さらにドラマチックに

ドラゴンハンターを暗くしたら、いくつかの手順を加え、さらにドラマチックにしましょう。

最も簡単な方法の1つは、イメージ全体を複製し（[Shift]＋[Ctrl]＋[Alt]＋[E]キー）、続けて[トーンカーブ]（[Ctrl]＋[M]キー）を調整してグッと暗くします。レイヤーマスクを作成してイメージの明るくしたい場所を黒で塗りつぶすと、全体を塗り直さなくても光を上手くコントロールできるでしょう。

次はドラゴンの頭部、そしてキャラクター間の草原に光を追加して、フレームをさらに暗く見せることにします。

18 暖色系の光

シーンの明るい領域に暖色系の色を加えると、ライティングが強調され、寒色系の影と対比させることができます。これには[覆い焼きカラー]レイヤーがうってつけです。新規レイヤーを黒で塗りつぶし、[覆い焼きカラー]描画モードに設定。好みの光の色を選んだら、コントラストを強めたい場所にゆっくりと慎重にペイントしましょう。

ここでも、ドラゴンの頭部に最も強いコントラストを加えてください。さらに、ドラゴンの腕の後ろに暖色系の光を加えると、燃えている背景やより邪悪なものを連想させるので、ストーリーテリングに一役買います。

19 シーンを統一する

通常のペインティングで行う最後の手順では、ノイズのたくさん入った[オーバーレイ]レイヤーを全体に重ねます。

まず、50%グレーで塗りつぶした新規レイヤーを作成し、[オーバーレイ]描画モードに切り替えます。次に、[フィルター]＞[フィルターギャラリー]＞[粒状]を選択し、粒状（グレイン）のテクスチャを追加しましょう。最後に、レイヤーの不透明度を20〜25%に変更します。こうすると絵の色やエッジが統一され、より魅力的な仕上がりになります。

ドラゴンをより邪悪で印象的に見せたいので、イメージを暗くします　17

明るい部分に暖色系の色を追加し、少し地味だったイメージをリッチでカラフルにします　18

ノイズ、またはテクスチャの[オーバーレイ]レイヤーをイメージ上に加え、絵に統一感と奥行きをもたらします　19

1時間のペインティング

ファンタジー：恐怖に立ち向かう

20 仕上げ

最後の2ステップです。まず、ドラゴンの胴体の一部で明度を変更します。大気の色調を抑え、イメージの上の方から入ってくる光線を追加してみましょう。

さらに、カスタムブラシで飛沫やパーティクルなどのディテールを大気に追加します。こうすると、よりダイナミックでリアルなシーンになります。鎧にハイライトを少し加えて、完成です。

プロのヒント
自然の流れに任せる

スケッチ、コンセプト、そしてスピードペインティングでは、流れに任せてブラシを走らせることが大事です。失敗することも成功することもあるでしょう。大抵の場合、最初のアイデアがベストです。ディテールに入り込んでいくと、基本アイデアを忘れがちなので気をつけましょう。

SF：現代的なインテリア

Ian Jun Wei Chiew

Coolorusプラグイン　01a

ナビゲーターパネルとレイヤーパネルを使用すると、イメージの進み具合がわかりやすい　01b

本作のテーマは、ラウンジやロビーの現代的なSF調インテリアです。私がこれを選んだ理由は、近／現代の建築に影響を受けているためです。

今回は、暖色系のカラーパレットを使います。頭の中にアイデアが浮かんだら、リファレンス画像を探し始めましょう。私が集めたほとんどの画像は、現代的なホテルのロビーや寿司バーです。寿司バーには、きれいな暖色系のカラーパレットを持つ木製カウンターやテーブルがあるので、このテーマにぴったりです。

次は、すべてのリファレンス画像を集めた構図用イメージ（コラージュ）を作成します。こうしておけば、各画像を1つずつ開いたり、複数のウィンドウで開く手間が省けるでしょう。作業中はすべてを含む1つのJPEGファイルを開いて、2台目のモニターに表示させます。

また、統一感のある暖色系のパレットにするため、すべてのアセットで明度と色調の補正を行います。そして、自分の目指している最終ルックを上手く表現できるよう、特定の色を微調整しましょう。

01 インタフェースの設定

まず、ツールバーを左側から右側に移動し、レイヤーの近くでアクセスできるようにします。次は、右上にCoolorusプラグインを配置し、きれいなカラーホイールを表示させます（**図01a**）。さらに、イメージの見え方を常にサムネイルサイズで確認するため、ナビゲーターパネルをインタフェースに表示するとよいでしょう。私は何度もズームイン／アウトする代わりに、これを時々確認しています。

頻繁に使用するレイヤーパネルは、1番下に配置します（**図01b**）。色調補正は作業レイヤーに直接実行するのではなく、調整レイヤーで行いましょう。こうしておけば、調整レイヤーの不透明度とマスクを操作して、さらに微調整できます。

[カンバスを左右に反転]のショートカットを[F1]キー（または任意のキー）に設定します。これはイメージにのめり込み過ぎたとき、新たな視点で見るのによく使用します。最後に、アクションパネルを1番下に配置しましょう。[アクション]は基本的に、1つのボタンに一連のアクション／メニューの項目を記録して実行できるので、プロセスの高速化に役立ちます。

" 私は抽象的な形状を作成し、それらをアセットとしてよく利用しています "

02 初期形状アセットを作成する

私は抽象的な形状を作成し、それらをアセットとしてよく利用しています。そのためには、まず[なげなわツール]や[選択ツール]でシルエットを大まかに描き出します。次に新規レイヤーを作成し、シルエットのレイヤーにクリップします。こうして、たくさんの抽象的な幾何学形状を作り、そのシルエット内に収めていきましょう。

170

SF：現代的なインテリア

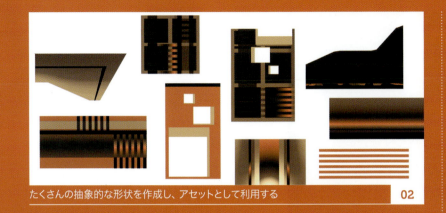

たくさんの抽象的な形状を作成し、アセットとして利用する 02

プロのヒント
いろいろ試してみる

私は素材によって時々プロセスを変更しますが、使用するツールはほとんど一緒です。最初からいきなりペイントするよりも、コラージュを作成して形を見つけるのが好きなので、［自由変形］［クリッピングツール］［指先ツール］は私のワークフローに必要不可欠です。この手法の方が面白く実験的であり、まったく想像もしないようなアイデアや構図につながることがあります。Photoshopに無限の可能性があるように、どんな既存ツールでも新しい用途が見つかります。結局のところ、良いイメージを作るものは、構図・明度・色・ライティングなどの基礎に関する個人の知識に他なりません。

レイヤーを下のレイヤーにクリップする方法は、［Alt］キーを押しながら2つのレイヤーの間にカーソルを合わせてクリックします（または［Ctrl］+［Alt］+［G］キー）。単一の抽象的な形状を変形させて、同じシルエットにクリップするだけで、無数のバリエーションを作り出せるでしょう。続けて、基本的なカラースキームを追加していきます。先に進むにつれて、［自由変形］［なげなわツール］、そしてクリッピングマスクがこのワークフローに不可欠だとわかってくるはずです。

03 アセットを使ってイメージを構成する

私はドキュメントの下部をカンバスにして、上部にアセットシートを配置します。それぞれのアセットが独自レイヤーにあれば、イメージの構成で使用するアセットを簡単に見つけて選択できます。

まず背景にグラデーションを追加します。次にアセットを複製して形状を変えましょう。ここでは上部のアセットの1つを変形させて、一点透視図法の基面（地面）のように見せています。

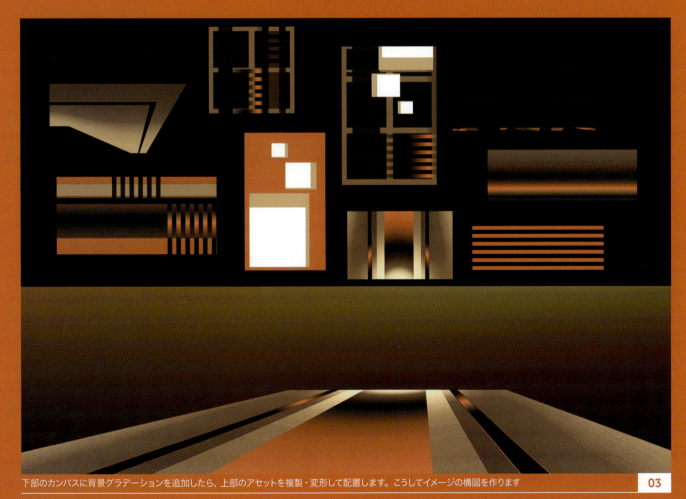

下部のカンバスに背景グラデーションを追加したら、上部のアセットを複製・変形して配置します。こうしてイメージの構図を作ります 03

171

1時間のペインティング

さまざまな構図を試し、前景と中景の焦点を見つける　04

04 構図の焦点
すべてのアセットを取り込み、それらを変形・配置して基本的な構図を作りましょう。アセットのおかげで作業が大幅に高速化し、最終的にさまざまな形状や構図を試す時間ができます。

今回は、中央にある焦点に向かってロビーを見るシンプルな1点透視図法のイメージにしましょう。さらに新しいシルエットも作成し、簡単なディテールと興味の対象として複数のアセットをクリップします。中央の焦点は、複数の縦線と横線で構成されています。これは、前景や中景にある角度のついた形状と良いコントラストになります。

" アセットのおかげで作業が大幅に高速化し、最終的にさまざまな形状や構図を試す時間ができます "

05 パースの問題を解決する
ほとんどの場合、パースのガイドラインは少し絵を描き進んでから追加します。もし最初からガイドラインがあると、カンバスに描くものが制限されてしまい、そのディテールにいちいち従わなければならなくなります。その結果、プロセス全体が遅れて、構図のアイデアの発展を妨げるでしょう。

私はスケッチを描き終えて、前に進む準備ができた時点でガイドラインを追加し、パースの間違いをすべて解決していきます。そのときに、画角を少し変更することもあります。

06 色調補正を適用する
現在の基本的なカラーパレットは、それぞれのアセットの色で構成されています。しかし、この配色にはアクセントが必要です。まず［色相・彩度］［レベル補正］［カラールックアップ］を施して明るさを出し、全体の色調に高彩度の暖色系を追加します。次に、すべてのレイヤーを1グループにして、作成した調整レイヤーをクリップしましょう。

基本的な構図ができたら、パース線で遠近感に関する問題を解決します　05

SF：現代的なインテリア

レイヤーをグループ化し、調整レイヤーをクリップ　06

良いコントラストになる形状や色を追加して、面白さを生み出します　07a

領域によってディテールの量に差をつけ、コントラストを生み出してもよいでしょう　07b

イメージの一部をコピーし、変形させて面白いディテールを見つけます　08a

選択領域をイメージの右側奥にペーストする　08b

07 ディテールパス

イメージにもっと視覚的な面白みを加えましょう。まず現在のイメージで、良いコントラストになる形状や色を考えます。私はたくさんの角張った形状と対比させるため、丸い形を加えてみました。また、右側の壁は少し目障りなので取り除きます。ここは、鑑賞者の目を休める良い場所になります（図07a）。

次はステップ03の基面と同じアセットを選択し、カウンターの形をフレーミングする要素にします。こうするとイメージの中央に焦点が当たり、さらに面白い形状が増えます。右側には手すりのような要素を追加し、何もない空間のコントラストになるディテールを作ります。青は、赤やオレンジときれいに対比するので、これもカラースキームに加えましょう（図07b）。

08 [Shift]＋[Ctrl]＋[C]キー

スケッチの初期段階では[Shift]＋[Ctrl]＋[C]キーを試します（現在のレイヤーに関わらず、選択範囲内の要素をすべてをコピー）。この操作で、すべてのレイヤーを保持したままイメージの特定部分をコピーできます。

選択範囲を移動・調整して抽象的なルックに変えると、位置の観点から「幸運なアクシデント」に遭遇することがあります。では、シーンの一部をコピーして（図08a）、右に動かし、［水平方向に反転］［90度回転（反時計回り）］を実行しましょう。最後に明度の調整を行うと、背景に手早くディテールを追加できます（図08b）。

09 指先ツール

［指先ツール］は空白の領域を埋め、複雑な形状を作成するのに役立ちます。［指先ツール］の不透明度を100％に設定し、好きな領域を動かしてみましょう。これにはハードブラシが最適です。きれいに真っ直ぐなエッジを描けるスクエアブラシをお勧めします。

中央には強力な焦点と面白いコントラストが必要です。青い円を追加してみましょう。右下の模様の入った線の厚みは、他の線と同じ幅なので不自然に見えます。では、先に述べた［指先ツール］で線の一部を下方に伸ばしてください。これで領域が埋まり、模様との統一感も出ます。

10 反射

反射を作るには、まず、映り込ませたいものをコピーし（［Shift］+［Ctrl］+［C］キー）、上下に反転します。次に、それを反射領域へ移動して、［ぼかし（移動）］を適用します。基面の反射しない部分は、削除するかマスクで隠しましょう。

幸い、反射を作る場所はコントロールできます。［レイヤースタイル］メニューで、現在のレイヤーの暗い色と明るい色の透明度を調整してください（図10a）。

このメニューでは、下のレイヤーの暗い色と明るい色が透けて見える度合いをコントロールできます。これは、手作業で［なげなわツール］とマスクを使って除去する代わりに、暗い（あるいは明るい）面に表示させたくない反射をマスクで隠すのに最適です。素材の形状が複雑な場合に便利です（図10b）。

青い円などのディテールが加わり、右下の模様はぼかされています　09

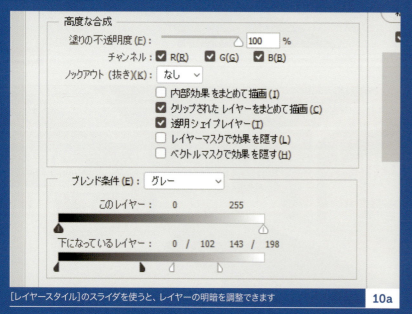

［レイヤースタイル］のスライダを使うと、レイヤーの明暗を調整できます　10a

SF：現代的なインテリア

反射の追加は、イメージの仕上がりを大きく左右します　　　　　　　　　　　　　　　　　　　　　　　　　　**10b**

11 仕上げとディテール
青い円をさらにいくつか追加して、コントラストと面白味を加えましょう。また、イメージの全体的な流れが新鮮味に欠けるので、カウンターのすぐ後ろに弧の形を追加します。こうすると、作成した人の形やロゴに視線が誘導されます。イメージのエッジを暗くして、中心のコントラストを高めにすると焦点が定まるでしょう。

さらにコントラストを強調するには、中心に少し暖色系の［覆い焼きカラー］を加えます。これでその領域が効果的に明るくなって彩度が上がり、部屋の雰囲気が良くなります。全体がもう少しまとまるように、最後にノイズレイヤーを追加。サインを入れて、完成です。

175

SF：未来

Ioan Dumitrescu

1HOUR

これからデジタル加工を始める面白味のない道路　01a

色彩の効果を加えると、写真のムードが変わります　01b

このチュートリアルでは、写真の「ペイントオーバー」を実行します。これは、映画のセットやロケーションの写真を渡され、それを格好良く加工しなければいけないときに使えるテクニックです。プロダクションデザイナーは数時間しか与えてくれないので、作業に丸1日費やすことはできません。

01 はじめに

簡単な課題にはしたくなかったので、面白味のない道路を選びました。何も特別なものはありません（**図01a**）。しかし、あなたは「コンセプトデザイナー」として、これから何かを生み出し、作り出すことを要求されます。

通常は、クライアントからテーマを与えられて作業しますが、今回は自分でテーマを選び、作品を変更する自由度を決めました。今日のデジタル世界では、ゲームであれ映画であれ、それぞれのビジョンに合わせて何でも変更することができます。

書籍を含め、インスピレーションはどこからでも得ることができます。私はちょうどアンディ・ウィアーの『火星の人』を読んでいたので、この作品に火星の雰囲気を取り入れることにします。トラム（路面電車）のような乗り物とたくさんの人物を加えて、行き交う人々と交通量であふれた、アジアのようなシーンを作っていきましょう。

最初に色彩の効果を加えるため、円ブラシで色を描きます。乾燥した砂漠のような火星のカラースキームを目指しているので、オレンジや柔らかいマゼンタなどの暖色系が最適です（**図01b**）。シーンをもう少し長くしたいので、カンバスを拡張しておきましょう。

SF：未来

フォトバッシングで、シーンのルックとムードをガラッと変わります　02

02 ムードを変える

フォトバッシングは時間の大幅な節約につながりますが、合成でかなり時間を要することもあります。ここではその中間を目指しましょう。近未来的のシーンを描きたいので、目指しているムードと合うような「ブルータリズム建築の建物」の画像を探してください（**図02**の右側を参照）。

続けて、左の中景と中央の後景の建物の色調を補正しましょう。明度をもっと均一にして、いくつかの際立つ領域（影）を作ります。ライティングは元の写真を参考にしてください。

03 交通車両

交通車両の要素を加えて、シーンに活気を与えましょう。前方に止まっている車は見た目が悪く、近未来的な雰囲気とは言えません。この車を別レイヤーに選択・コピーして、[ワープ]や[自由変形]で形状を適切なルックに変更します（**図03a**）。

交通車両の要素をさらに加えると、シーンが賑やかになりそうです。今回はトラムを加えましょう。サイズを変更するときは、車と同じプロセスを実行します。それぞれのパーツを選択し、[自由変形]でその特徴を変形させてください。トラムの一部を影から出してハイライトを加えると、イメージにコントラストと面白味が加わります（**図03b**）。

テーマに合わせて既存のパーツを変形させる　03a

イメージの一部にハイライトを加えると、コントラストと面白味が生まれます　03b

1時間のペインティング

背景にディテールを追加すると、奥行きが増します　04

04 背景のディテールを作成する

背景には近未来的なルックが必要です。左の壁をアルミの質感に仕上げ、奥の強い太陽に面した超高層ビルのシルエットを加えましょう。大気中のスモッグと埃が、この色彩豊かな美しい雰囲気を作り上げています。右の階段にも光を追加します。これで鑑賞者の視線はあちこち動き回りながら、シーンに引き込まれるでしょう。

色の選択は難しいので、自信がないときは新しく調整レイヤーを作成して色を試してください。[レベル補正]や[色相・彩度]などで調整し、いつでも変更できます。

SF：未来

シーンに人物を加えると活気が出ます　05

05 シーンに生命を吹き込む

本格的にこの作品に生命を吹き込みましょう。まず、リファレンスから人物を加えていきます。

ここでは、タイ旅行で撮影した写真を使います。トラムの周囲をシーンの主な焦点にしたいので、これを取り囲むように人物を配置し、その手前には、視線を止めて休める空間を空けておきましょう。前景から入ってくるスクーターの男性が、鑑賞者をイメージに引き込みます。

多くの領域がきれいなままなので、背景に「ノイズ」を加えていきましょう。標準の円ブラシで、看板や配管を加えますが、写真を使う必要はありません。脳は十分な情報を得られると、そのギャップを補完します。このシーンでは、暗い高彩度のマゼンタや赤紫色を適度に加えています。それらはとても美しいカラースキームです。

機能面を考慮すると、トラムには架線と車体を繋ぐポールが必要です。さっそく、これらも追加しておきましょう。

06 仕上げ

背景がかなり雑然としているので、中景にノイズを加えてバランスをとりましょう。落ち着いた感じの右側は、目を休める良い場所になります。次は、トラムのフロントガラスの反射を暗くして、背景と合わせましょう。また、元の写真からデジタルディスプレイを持ってきて、トラムに識別番号を追加します。このように、実際の機能を持つ小さなディテールを加えると、シーンに真実味が出ます。

人物たちの頭部が、同じ水平面上にないことに着目してください。今回、道路のわずかな傾きによってトラムがこちらへ登ってくるように見せたかったので、角度のあるパースになっています。これにより、作品に興味深い側面が加わっています。仕上げに［ノイズ］フィルターを少し加え、不透明度を下げたら完成です。

179

ファンタジー：巨大遺跡

James Paick

1 HOUR

ムードのある空を背景に、背後から照らされた力強い形状から始める 01

このチュートリアルでは、私のフォトライブラリで見つけたテクスチャを使って、幻想的な巨大遺跡の描き方を紹介します。ここで大事なのは、写真のリファレンスライブラリが手元にあることです。インターネット上でもたくさん見つかりますが、外に出て、自分で撮影した写真に勝るものはありません。

現在作業中の作品にぴったり合う露光量・風景・コントラストで、アイデアや想像力をかき立てる「面白いランドマーク」や「雲の塊」を撮影してみましょう。自然界だけでなく、建物やその他の人工物にも、魅力的で精巧な建築要素がたくさん含まれています。

01 シルエットから始める

初期段階では、目指しているコンセプトについて考えてみましょう。私は「ムードのあるライティングで照らされた自然景観にある遺跡」というコンセプトに決めました。まず、背景に使用する適切なリファレンスを探しましょう。前述のとおり、選択肢はたくさんあります。ここで使用するのは、撮影旅行に出かけたときに撮った写真です。これは、背景の空に最適です。

ファンタジー：巨大遺跡

テクスチャと反復形状を用いて、シルエット内部の形状をデザインする

02

次は遺跡のシルエットを作りましょう。興味をかき立てるものならば、どんな建築物のテクスチャから作ってもかまいません。さまざまな円やアーチ形状を使い、人工的かつ有機的な雰囲気を目指してください。

> " ここで大事なのは、写真のリファレンスライブラリが手元にあることです。インターネット上でもたくさん見つかりますが、外に出て、自分で撮影した写真に勝るものはありません "

02 シルエットを塗りつぶす

前述のリファレンス写真を集める旅行で、このシルエットを塗りつぶすのに最適な建物の外観の写真を撮りました。まず、繰り返しのテクスチャでメインの球体を塗りつぶしましょう。

次は球体をコピーし、[自由変形]で小さくします。この小さめの形状を遺跡の各隅に配置しましょう。さらに土台に使用できそうなテクスチャの面白い部分を見つけ、それをコピー、ミラーリングしてデザインを作ります。

このとき、明度と[色相・彩度]を忘れずに調整してください。背景と合わない色相や色温度でテクスチャリングを実行すると、問題になります。また、テクスチャが正しい平面上に位置するように、パース線の使用をお勧めします。

1時間のペインティング

反復形状やモチーフを使って、遺跡の雰囲気を強調します 03

形状やリズムをさらに研究し、ファンタジーの雰囲気を醸し出す審美的なデザインを作る 04

03 分析・調整・修正

少し時間を空け、一歩離れてデザイン全体を見渡しましょう。このとき、さらにデザインを調整して、強調・発展させる方法がないか確認します。ときどきインスピレーションの源や、頭の中にあるアイデアについて再考してみるとよいでしょう。このデザインをコンセプトに近付けるには、「影のアクセント」や「反復形状」の一部を強調する必要があると気づきました。自分のデザインに満足するまで、発展と修正を続けてください。

04 デザインを微調整する

ディテールを加えながら、ブラシでデザインを微調整していきます。私はこの段階を「**ステッチ**」と呼んでいます。なぜなら、ペイントによって、フォトテクスチャとデザインを「縫い合わせる」からです。混み合った領域にディテールを加えつつ、鑑賞者の目を休めるシンプルな形状の領域も作りましょう。反復形状やデザイン要素を用い、有機的でありながら人工的な雰囲気を持つデザインに微調整するのが狙いです。

05 ライティングと仕上げ

デザインが決まったら、ライティングと雰囲気の強化、そして最後の細かい修正に専念します。ここでは主に表面のマテリアル（材質）とディテールに焦点を当てましょう。これはペイント全体の最終段階ですが、最も時間をかけることもあります。スピードペインティングでは、描き込みたい衝動を抑えるためにカンバスを小さくし、イラストではなく、全体のコンセプトに重点を置くようにしましょう。

" スピードペインティングでは、描き込みたい衝動を抑えるためにカンバスを小さくし、イラストではなく、全体のコンセプトに重点を置くようにしましょう "

ファンタジー：氷の世界

1 HOUR

James Paick

全体的な明度とライティングを念頭に置いて、大まかなスケッチを描く

01

このチュートリアルでは、フォトテクスチャとペインティングテクニックを組み合わせ、幻想的な氷の世界の作成プロセスを見ていきましょう。「構図」はあらゆる芸術作品において不可欠な要素です。スピードペインティングでも、短時間で全体的な印象やインパクトを実現するため、構図が極めて重要な役割を果たします。

最初はラフな形状を使って、単純なアイデアに取り組みましょう。個人作品だけでなく、クライアントから依頼された作品でもこの手法を使用できます。1つのアイデアに縛られることなく、新しいことに挑戦して試行錯誤を重ねてください。そして、「幸運なアクシデント」の起こる余地を残しつつ、楽しみましょう。最後の仕上げでディテールに取り組み、作品に自分自身の感性とスタイルを加えていきましょう。

01 描画 - 背景を決める

初期段階では、コンセプトアートの一般的な方向性を頭に入れておくのが理想です。ラフで大まかに描くと、遊びや探求の余裕ができるので、「幸運なアクシデント」や面白い発見があるでしょう。私の場合、ラフスケッチで構図を確立し、全体的な明度の構造やライティングを配置します。ファンタジーの構造物を示すという全体のコンセプトも念頭に置いて、自分のアイデアを最もよく表す理想的な構図を選んでください。

ファンタジー：氷の世界

02 トリガーを引く - 世界を構築する

色調と色の決定は、ペインティングの極めて重要なフェーズであり、ここで意思決定が行われます。「描画」（ステップ01）を終えたら、「トリガーを引いて」ライティングと雰囲気づくりに専念しましょう。

フォトテクスチャとペインティングテクニックを組み合わせ、イメージをいじりながら魅力的な世界を作り上げます。大きくシンプルな形状と対照的な小さな形状のグラフィックデザインに着目してください。作業中は、目指しているイメージのリファレンス写真を手元に置いて確認しましょう。

03 これは何？- デザインを決める

全体がまとまってきたら「イラスト」の段階からコンセプトの側面へ進みましょう。まず、山に刻み込まれた2本の巨大な柱を追加します。私は壮大なスケール感を表現するため、がっしりと凝縮されたシンプルな形の柱を隣同士に配置しました。自分のデザインと焦点（この場合は柱）を使って、大胆に表現しましょう。それがイメージで最も肝心なことです。

カラーパレットとグラフィックデザインを決めて、世界を構築する 02

大胆に焦点を描き、デザインを確立する 03

1時間のペインティング

デザインを発展させて、コンセプトを明らかにする　04

04 さらにデザインを発展させる
カンバスにある程度の要素が描けたので、磨きをかけて魅力的で説得力のあるコンセプトにしていきましょう。デザインをさらに発展させるため、柱の表面に反復デザインなどの面白い要素を加えてみます。また、要塞化された壁や通り道も加え、焦点に沿ってディテールを描いていくと、絵の中で視線を誘導するリズムが生まれます。

この段階で、設定・デザイン・コンセプトの解釈に役立つ追加要素について考えてみましょう。これには「大気」や「木の葉」などがうってつけです。

05 仕上げ
構図・色・ライティング・コンセプト、そしてクールな要素は揃いました。仕上げに、松明や人物を示唆するものを追加します。それとともに、前景の木々を霧や明度で分離して、奥行きを強調しましょう。スピードペインティングでは、ディテールを緩く示唆的に描くと、想像力でそのギャップを埋める余地が生まれます。イメージを発展させつつアイデアをシンプルに保ち、描き過ぎないようにしてください。

ファンタジー：氷の世界

現実世界：都会のスケッチ

Danilo Lombardo

1 HOUR

リファレンス写真　　01a

このチュートリアルでは、ArtRageを使った環境スケッチの簡単な描き方を紹介します。3Dアートで環境やセットを制作する場合、ライティングは重要な要素です。実際、3Dショットのライティングには手間と時間がかかりますが、簡単なカラースケッチがあれば、重要な手がかりになるでしょう。

現実世界の「光の動き」と「光が色に与える影響」を考察することは大切です。それは、奥行きや真実味をシーンに加えたり、ストーリーテリングで要求されるムード・感情を連想させたりする場合に役立ちます。

鑑賞者にディテールを連想させる説明的なクイックスケッチでは、素早いストロークと適切な色調を組み合わせる合成テクニックを用います。これは、自然の光・影・色を捉えようと試みたマッキア派の画家たちが用いたテクニックです。彼らはイタリア版の印象派であり、「マッキア（macchia）」はイタリア語で「汚れ」や「シミ」を意味します。つまりこの練習は、「現実世界の光の振る舞い」と「光が色に与える影響」を学ぶのにぴったりです。合成プロセスで基本的な形状や要素に集中すれば、知覚能力を高めることができるでしょう。

ArtRageのインタフェースはわかりやすいです。
非表示にするにはスクリーン上で右クリック　　01b

現実世界：都会のスケッチ

01 ドキュメントの設定
今回使用するリファレンスは、私の故郷イタリアのパレルモを写した1枚の写真です（図01a）。

ArtRageには、複合的なテクニックに適した優秀で使いやすいツールがあります（図01b）。まず、ArtRageドキュメントを7,000 × 3,900ピクセル（または使用するリファレンス写真サイズの倍数）に設定しましょう。ドキュメントが大きければ十分な解像度で作業でき、画像サイズを拡大しても鮮明に表示されます。

次に、リファレンスパネルで写真をArtRageに読み込み、1枚のレイヤーを薄いグレーで塗りつぶしてください。こうすれば、カンバスと色が適度なコントラストになります。

02 初期スケッチ
すべての要素を空間内に配置するガイドとして、予備スケッチから始めましょう。水平線の役割を果たす1本の線を引き、少し中心から外れた位置に焦点の印をつけます（図02aの赤線を参照）。1点透視図法を利用し、Pencilツール（Presets > Pencil > Hard Tip）で主な線を引きます（図02b）。

奥行きを出すには線の太さを変化させることが大事なので、前景は後景よりも太い線で描きましょう。大量のディテールは、その形状をシンプルな線やマークで抽象化して表現できます。主な影・中間色・ハイライトの情報を得るため、[Hard Shader]を使い2枚目のレイヤーに簡単なシェーディングを加えます。

03 色を加える
次はライト・コントラスト・明度に専念します。まだフルサイズで作業せず、カンバスの全体像だけを見ましょう。不透明度を70％に設定した別レイヤーに、Oil brush（オイルブラシ）の素早く大まかなストロークで色を追加します。光は完璧に再現するのではなく、スケール（図03のカラーチャートを参照）を使ってライティングの「雰囲気」を表現します。

リファレンス写真によって初期のカラーパレットが決まります。[Color Sampler]（スポイト）で写真から重要な色を直接抽出しましょう。ここでは正確に表現するため、パレットを制限してください。パレットが決まったら、光と影で構成されたシンプルなシーンをペイントします。

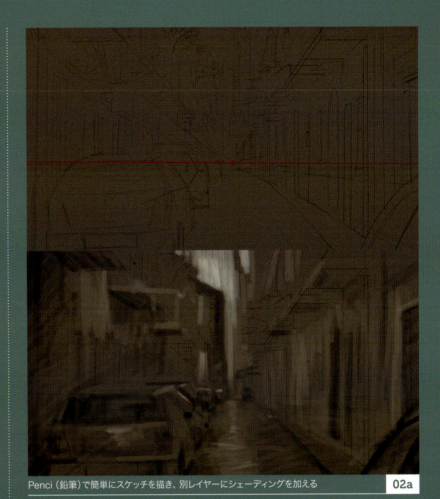

Pencil（鉛筆）で簡単にスケッチを描き、別レイヤーにシェーディングを加える　02a

" 実際、3Dショットのライティングには手間と時間がかかりますが、簡単なカラースケッチがあれば、重要な手がかりになるでしょう "

[Pencil]プリセット　02b

素早い大まかなストロークが、色の第1印象を決定します　03

1時間のペインティング

04 ライティングと明度

ここで、それぞれの色の正確な明度と関係性を観察・理解しましょう。一条の光はある表面に達すると、止まるまであちこちに反射します。色に関しても、濃い影を含むあらゆる要素が光の反射の影響を受けます。

このプロセスでは、強いハイライトや影の部分で色の彩度を上げ過ぎないでください。そうしないと、目を当惑させ、制御が効かなくなります。すべてを調和させますが、実際に色を支配するのは「光」です。ライティング条件によっては、必ずしも青を使って青を、赤を使って赤を表現できるわけではありません。光を単純化するため、「光がどこから来て、各表面にどのように反射しているのか」を理解・研究する必要があります。

このイメージは、主に暖色系の色調で構成されているので、緑や青など寒色系の色調を取り入れると、鮮やかで陽気なライティングになります。純粋な光には、白の代わりにとても薄い緑を使いましょう。

カンバスとリファレンスを比べると、主な色の領域が正しく配置されているかわかります　04

05 奥行きとコントラスト

この時点でラフなペイントをテストするため、背景から要素をいくつか切り取りましょう。絵に奥行きとコントラストを加えるには、別レイヤーに主要な線と色だけをペイントします。ドアや植物などの補助要素に重点を置きつつ、車や建物を微調整して、濃い影を描き入れます。

さらに、暗いハードな線を数本描いてオブジェクトの形状を示し、奥行きを明確にします。さまざまな強さの線を描くと、形状の流れを表現できます。奥行きの感覚を生むのに役立つ、強い支配的な線だけを使用しましょう。

太いストロークを使って要素を分離し、奥行きを強調する　05

06 レイヤーと不透明度を使ったグレージング

グレージング（透明色を重ねる）ですべての色調を混ぜ合わせると、絵に統一感を持たせることができます。これを行うには、不透明度を40%程度に設定した新規レイヤーをスタックの1番上に作成し、ラフな絵の上に重ねたい要素をペイントして、色調を均一にします。

影を使って前景と後景のコントラストを強め、中間色の範囲で色のグラデーションをさらにペイントしましょう。仕上げとして、別レイヤー（不透明度20%）に暖色系の色調を加えます。

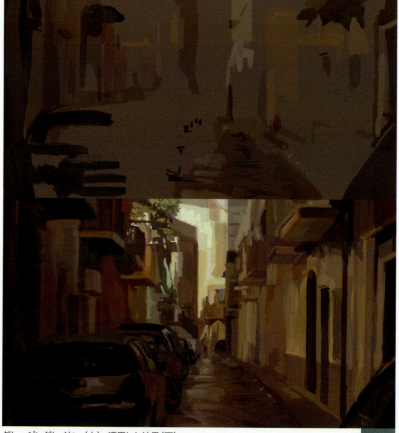

グレージングレイヤー（上）、適用した結果（下）　06

現実世界：都会のスケッチ

07 色を微調整する

こういったスケッチではOil brush（オイルブラシ）の動作が良く合うため、私は通常この時点で他のブラシを使いません。しかし、ArtRageには幅広いツールがあるので、もっと試してみましょう。[Pencil]は、この手法の油彩と相性が良さそうです。新規レイヤーを作成し、Pencilプリセットの[Hard Shader]で上からペイントして修正しましょう。

リファレンスを見ながらズームアウトしたカンバスで作業すると、絵に初期の印象を取り戻し、統一感の妨げになるものを修正できます。影と光をさらに加えて奥行きを強調し、明度をペイントして地面とその反射効果を高めてください。ここでの目的は絵の「第1印象」に磨きをかけ、統一感をもたせることです。

08 3次形状

この時点のカラースケッチはとても粗く、主要なフォーム（壁・ドア・窓・地面などの1次形状と2次形状）のみ表現されており、ドア・窓・ケーブルなどのディテールはすべて欠けています。

このまま粗さを維持し、個々のディテールにはこだわらないでください。すべての1次形状を保持しておくと、ディテールを追加しやすくなります（3次形状）。車のシルエットや歩道など「強み」となる場所を強調し、各要素や空間自体をわかりやすくしましょう。

> " ここでの目的は絵の「第1印象」に磨きをかけ、
> 統一感をもたせることです "

[Pencil]は絵の色を均一にして、精密さを加えるのに役立ちます。使用前（上）／使用後（下） 07

ベースができたら、ようやくイメージのディテールを表現できます 08

1時間のペインティング

ズームインした各要素。すべて簡単なマークでできている　09

09 特徴やスタイル

たとえ写真からコピーしているだけでも、「特徴」や「スタイル」をイメージの視覚言語に埋め込むことができます（スキルを伸ばし、光のふるまいを理解して、より個人的なコンセプトを引き出すための練習と見なします）。あらゆる線・点・ストロークが、絵の表現方法の一部です。

こういったスピードを要する作品に取り組むとき、スタイルは考慮すべき重要な側面です。ここでは、美意識やイメージの面白さを保ちながらも、より迅速で粗くなるようなスタイルを選択します。

10 Photoshopを使った仕上げとまとめ

ArtRageからイメージをPNG形式で書き出し、Photoshopに読み込みます。続けて、不透明度を57%に設定した［乗算］描画モードのレイヤーに、textures.comで手に入れた「グランジテクスチャ」を読み込みます。これを使って前景全体に影を加え、消しゴムでテクスチャの上部（後景）を削除しましょう。

同じプロセスを用いて、イメージの上部にグローのような光を加えますが、今度は描画モードを［スクリーン］に設定します。また、別レイヤーに簡単な「霧」をペイントして建物を遠くに分離し、地面の反射を微調整します。まだ赤みが強過ぎるので、［色

現実世界：都会のスケッチ

調・彩度]調整レイヤーを適用して、黄色っぽくしてみましょう。上図が最終イメージです。

私がスピードペインティングを練習する理由は、素早くペイントしたいからではありません。コンセプトアートで大事なのは、「**完璧に描くことではなく、デザインやストーリーを伝える視覚言語を組み立てること**」です。そして、形状・色・模様・キャラクターデザイン・ライティングをリサーチするには、できるだけ多くの可能性を探求しなければなりません。つまり、「スピード」は、自分自身やチームにアイデアを素早く伝えるための1ツールなのです。

" コンセプトアートで大事なのは、「完璧に描くことではなく、デザインやストーリーを伝える視覚言語を組み立てること」です "

現実世界：夜のシーン

Danilo Lombardo

このチュートリアルでは、ペインティングテクニックやフォトバッシングを使い、構図やローライトの照明を考察します。コンセプトアーティストとして仕事をするときは、同じシーンの異なるバージョンを比較的手早く作成できるワークフローが必要です。これから、巨大な工業地帯の人目につかない工場を舞台に、古典的な霧に包まれた夜のシーンを作りたいと思います。これは「映画シーンのムードと構図を表現するイメージ」を想定しています。

01 ツール

こういったアートに取り組むときに使用するツールは、できるだけ厳選しましょう。たとえば、マーカーペンのような役割を果たす、ハードな面とソフトな面を持つ長方形ブラシ（図01a）を使います。これはもちろん、長方形のストロークに最適です。

絵画調の効果を得るには、［指先ツール］（b）でストロークをミックスし、変化させるとよいでしょう。硬さは35～40％に設定します。ストロークの角度を変えるなど（c d e）、必要に応じてパラメータを変更する場合は、ブラシパネル（［F5］キー）を使います。素早く選択範囲を描いて面白い形状を作成する場合は、［なげなわツール］（f）が有効です。興味深い特定領域の色調補正には［レベル補正］（［Ctrl］＋［L］キー）を、部分的な切り取りや不透明度の調整には［消しゴムツール］を使いましょう。

02 構図・線・リズム

素晴らしいイメージを作りたいなら、「構図」が重要です。鑑賞者が楽しめる視覚的調和を生み出し、適切なバランスで各要素を組み立てましょう。構図を考えるときは空間も意識してください。その効果的な使い方を考え、カンバスの物理的特性にとらわれないことが大切です。

シーンをビジュアライズ（視覚化）するときは、鑑賞者を特定の領域に誘導する「目に見えない線」を利用しましょう。今回の構図はとても水平なので、目に見えない線の大部分も水平になっています。理由は、イメージの目的が「闇のシーンの静けさと秘密の感覚を伝えること」だからです。これは、最もよく見られる構図の1つです。カメラはとても静的ですが、光と影の相互作用で「リズム」を生み出したり、さまざまな度合いの奥行きで、構図に「面白み」を取り入れたりすることができます。

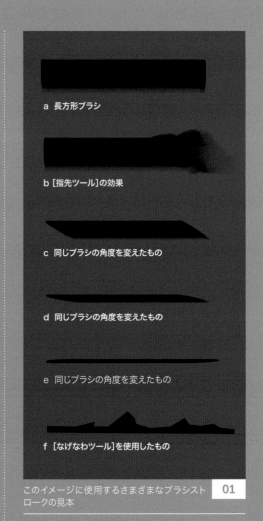

a 長方形ブラシ

b ［指先ツール］の効果

c 同じブラシの角度を変えたもの

d 同じブラシの角度を変えたもの

e 同じブラシの角度を変えたもの

f ［なげなわツール］を使用したもの

このイメージに使用するさまざまなブラシストロークの見本　01

現実世界：夜のシーン

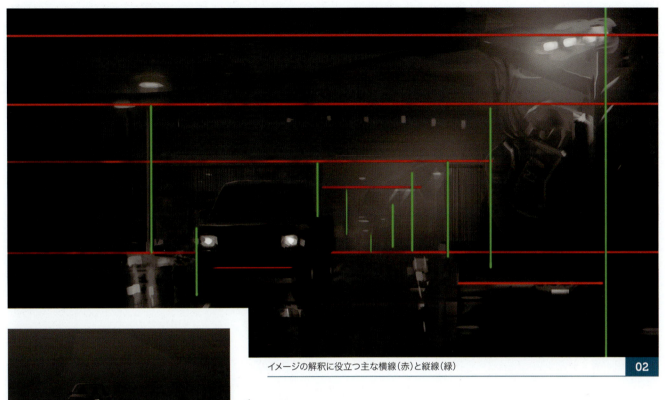

イメージの解釈に役立つ主な横線（赤）と縦線（緑） | 02

03 サムネイル

どんなアートワークでもサムネイルから始めるのが最適です（**図03a**）。しかし、描きたいものがわかっていて、簡単な予備スケッチで事足りるケースもあります。コンセプトアートでは、ペインティングテクニックよりも「デザイン」のほうが大切です。今回は作品の全体像を把握するため、25％にズームアウトしたカンバスで素早くスケッチをペイントします。

まず、Photoshopのカンバスをグレーで塗りつぶし、［なげなわツール］で上部にグラデーションのある道路を作成します。素早いストロークで車の形をさっと描き、全体的な形状を作りましょう。この時点では作品の「フレーミングと構図」に重点を置き、車を焦点にしてください（**図03b**）。

それぞれの形状がイメージを形作るようにします。このプロセスはできるだけ自然にに行なってください。形状と光だけで良い雰囲気を作れるはずです。それらの形状から何が見えてきますか？ 私には、橋やトンネルに見えます。構図に満足できるまでサムネイルを作り込みますが、気が変わったらいつでも変更できるでしょう。

| サムネイルスケッチの分析 - フレーミングは赤、焦点は黄色 | 03a |

| 車はイメージの焦点になるので、正しくフレーミングする | 03b |

195

1時間のペインティング

3つのステップから成るフォトバッシング プロセス　**04**

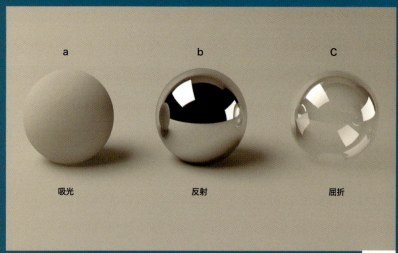

この簡単な3Dレンダリングは、光と表面のさまざまな相互作用を表しています　**05**

04 フォトバッシング

フォトバッシングは、さまざまなリファレンス画像を利用してシーンを作り、プロセスを高速化できる素晴らしい手法です。

まず、ベースとなるグラデーションを追加し、選択した写真を読み込んだら、必要に応じて［自由変形］で修正して合わせます。イメージに要素を追加するときは、以下の3つのステップに従いましょう。

1. 写真を読み込んで配置する
2. 新規レイヤーに［多角形選択ツール］などで形状の選択範囲を作成、好みの描画色で塗りつぶす
3. 写真レイヤーを［乗算］描画モードに切り替え、塗りつぶした色の上に重ねて配置する。必要に応じて調整を加える

" フォトバッシングは、さまざまなリファレンス画像を利用してシーンを作り、プロセスを高速化できる素晴らしい手法です "

05 ライティング

光は3種類の方法で表面に当たります（図05）。

- 吸光：すべての光は表面で吸収される（**a**）
- 反射：光は表面で跳ね返る（**b**、反射角はマテリアルの特性によって異なります）
- 屈折：光は表面を透過する（**c**、ガラスなど）

あらゆるものは一定の直接光と間接（バウンス）光で照らされています。曇りの日は、雲にフィルタリングされてあちこち跳ね返る光が見えます。これにより、均一でソフトな光と拡散する影ができるのです。一方、明るく晴れた日は、太陽からの直接光が見え、濃い影になります。私たちはイメージの中でこういった特性を考慮する必要があります。

06 ローライトの場面

ローライトの場面は、光がまったくないわけではありません。このシーンでは光の強さがほとんど失われ拡散しているものの、月明かりから跳ね返った散乱光の量が多いので、こういった条件下でも要素を確認できます。

現実世界：夜のシーン

カラーグレーディングが適切でないため、夜間の感じが出ていない　06a

映画やテレビで夜のシーンを扱う場合、カラーグレーディングは青や緑で行われることが多いです。同じ方法を使えば、求める色彩表現を加えることができるでしょう。散乱光のシーンは青を使ってペイントし、ヘッドランプなどの人工的な光源には暖色系のオレンジを加えます（**図06a、b**）。オレンジと青は補色で人間の目に心地良く、2色のコントラストはイメージにリアリズムをもたらします。

散乱光の青のベースライトが、強いオレンジの人工光と良いコントラストを成しています　06b

1時間のペインティング

07 明度と色温度

次は色相でなく明度を調整するため、彩度の低い色を使いましょう。自然なシーンを構築できるようにパレットを制限し、メインのドミナントカラー（支配色）を軸にしながら、各要素の層を追加していきます。

真昼の明るい太陽とロウソクの炎の違いのように、光によって異なる色温度を使用してください。同じオブジェクト内に複数の色温度が存在することもあります。たとえば、炎の色は通常、白 → 黄 → オレンジ → 赤へと変化します。

光の特性がわかったら、素早いストロークで光がシーンに与える効果をペイントしましょう。シンプルでラフに描いてください。あらゆるものを大まかに描いて、シーンに奥行きを与えるのが狙いです。

" 同じオブジェクト内に複数の色温度が存在することもあります。たとえば、炎の色は通常、白 → 黄 → オレンジ → 赤へと変化します "

08 環境効果

光の周囲にグローを加えてイメージに奥行きを生み出し、空気遠近法を取り入れましょう。オブジェクトが遠いほど低彩度・低コントラストになります。たとえば、遠方の山脈と見ると、色がほとんど背景に溶け込んでいます。

光源ごとに異なる色温度を使用。元のシーン（上）、木と機械に追加（中）、街灯と車に追加（下） 07

空気遠近法を加えると、奥行きの感覚が強調される 08

現実世界：夜のシーン

特に霧の夜は、光と大気中の粒子間で生み出される相互作用を確認できます。この「光で照らされた霧のエフェクト」を作るため、新規レイヤーを開いて、低い不透明度のソフト円ブラシで柔らかいグローをペイントしましょう。前景の方がはっきりすると、空間に奥行きが生まれ、ライティングにも統一感が出ます。

09 テクスチャとディテール

現在のイメージはとても暗く低彩度なので、調整レイヤーで彩度を徐々に上げていきましょう。私が[イメージ]メニューから[色調補正]を選ばず、調整レイヤーを好むのは、非破壊的に作業を進め、いつでも元に戻せるからです。

テクスチャとディテールを追加するには、自分のコレクションからテクスチャを読み込み、ペイントした要素に合わせて変形させるだけです。こうして、イメージに面白味やディテールを手早く導入します。テクスチャの一部を消したり、不透明度を変更すれば、合成っぽく見える「完全性」を簡単に崩して、修正できるでしょう。

引き続き、さまざまなテクスチャやディテールを追加していきます。シーンから「際立つ」ようにハイライトを加え、車のリムライトなどあらゆる側面を少しずつ微調整します。リムライトは、対象物をハイライトして背景から際立たせるのに役立ちます。後ろのゲートは直線のみでペイントしました。

" オブジェクトが遠いほど低彩度・低コントラストになります。たとえば、遠方の山脈と見ると、色がほとんど背景に溶け込んでいます "

全体の配色と彩度を変更して、テクスチャでディテールを組み込む　09

199

1時間のペインティング

色調補正前(左)、補正後(右)

現実世界：夜のシーン

10 色調補正

デジタルアートには色・顔料・ツールによる制約がなく、光（RGB）だけでスクリーン上にペイントしています。伝統的な手法と基本原理は同じですが、デジタルペインティングは顔料の代わりに（ピクセル形式で）光を扱うので、気に入らない箇所は簡単に変更できます。

仕上げの色調補正を行い、シーンの強い青を取り除きましょう。［カラーバランス］調整レイヤーを追加し、［ブルー］を20%減少させると、［イエロー］が増加します。これでイメージに緑がかった色みが加わりました。ハイライトと影が変化しないように、操作は［中間調］で行いましょう。色調補正を強調し過ぎると、とても濃い影や露出オーバーの光など、好ましくない結果につながります。 大事なのはいろいろ試すことです。好みの結果になるまで試行錯誤を続けてください。

ファンタジー：水路

Sung Choi

1 HOUR

このチュートリアルは、スピードペインティングの入門編です。スピードペインティングは、頭の中に面白いアイデアやビジュアルが浮かんだとき、素早く形にしておくのに最適です。たまたま何かを見て、脳内でインスピレーションが駆け巡っているときに実行しましょう。

アイデアが浮かんだら、まずシンプルな白黒のスケッチから開始します。この2つの明度を使えば、魅力的な構図とライティングを両方同時に表現できるでしょう。私にとってこのパートは最も重要なので、最終イメージをはっきりと描けるように多くの時間をかけます。

01 初期のラフスケッチ
何よりもまず、ラフな線画を描きます。この段階では、大体のストーリーと構図がわかればよいので、細かく描く必要はありません。初期コンセプトは「未知の環境の巨大な水路網、そして、遠くに見えるキャラクターと騎乗生物（クリーチャー）」です。

02 形状を描く
作成したラフスケッチをガイドにして、主な形状をいくつか描いていきましょう。それぞれの形状に異なる明度を設定し、個別レイヤーに配置してください（不透明度を変更せずに100％で作業すると、上に形状をペイントしても色が重複しません）。

このタイミングでは、最小限の明度を使いながらライティングをよく検討し、シーン全体の構図に専念しましょう。私はプロジェクトにぴったりのスケッチが見つかるまで、1時間以上かけることもあります。それぞれの形状の作成には、不透明度100％のシンプルなブラシを使用します。今回はPhotoshopのデフォルトブラシの1つ、円ブラシで描きました。

" スピードペインティングは、頭の中に面白いアイデアやビジュアルが浮かんだとき、素早く形にしておくのに最適です "

基本アイデアと構図を示すラフスケッチ　01

主な形状を描く　02

ファンタジー：水路

色とテクスチャを試す　03

03 色を試す

大まかに形状を描いたら、色をテストしてカラースキームの検討を始めましょう。イメージのいたるところでアースカラーを使う予定なので、独特のカラーパレットを試します。それと同時にリファレンス写真を使って、さまざまなテクスチャも配置してみます。

04 反射を加える

反射を加えるため、イメージ全体を統合したレイヤーを作成し（[Ctrl] + [Shift] + [Alt] + [E] キー）、垂直に反転してください。続けて、水の形状のレイヤーにクリップし（[Ctrl] + [Alt] + [G] キー）、水平線でちょうど反転するように動かします。

さまざまなカラースキームを試すだけではダメで、それが違和感なくストーリーと調和しなければいけません。シーン内の色は常にその環境の影響を受けるので、空と地面の色は極めて重要です。水面に映った空の反射が不自然にならないよう、控えめに調和させましょう。

05 バリエーション

空の色に少し変化をつけた後、周囲に紫がかった色を使うことにしました。こうすると、シーンがあまり退屈になりません。また、手元にあるテクスチャを基に、岩の形状を修正します。地面に赤い葉をいくつか加え、色味に変化をもたせてもよいでしょう。

反射は、絵に奥行きとリアリズムを加えるのに最適です　04

鑑賞者を退屈させないために、どんなイメージでもバリエーションが重要な要素になります　05

1時間のペインティング

06 岩と植物

左の大きく張り出している部分の前に岩を加え、さらにディテールを描いていきます。ここでは明度に注意しましょう。初期の明度に比べて、ステップ05で加えた明度が高過ぎるように感じます。必要に応じて、調整に時間をかけてください。

植物と岩を加えると、絵がまとまります　06

ファンタジー：水路

植物などの後景要素を追加し、面白味のある領域を作っていきます。構図の邪魔にならないように、ここでも控えめにしましょう。植物にはカスタムブラシを使い、さまざまな明度の緑で背の高い木々の塊をペイントします（[ブラシ設定]＞[カラー]を使用）。

07 仕上げ

シーンに必要なすべての要素を並べたら、少し時間をかけてラフなエッジや形状のクリーンアップを行います。仕上げは、絵をクリーンアップしてすべての要素にまとまりを持たせることが目的です。その後、[レベル補正]や[カラーバランス]でコントラストをいくらか追加します（やり過ぎに注意）。最後に新規レイヤーを1つ作成し、[混合ブラシツール]でもう1度だけエッジを整えましょう。これでスピードペインティングは完成です。

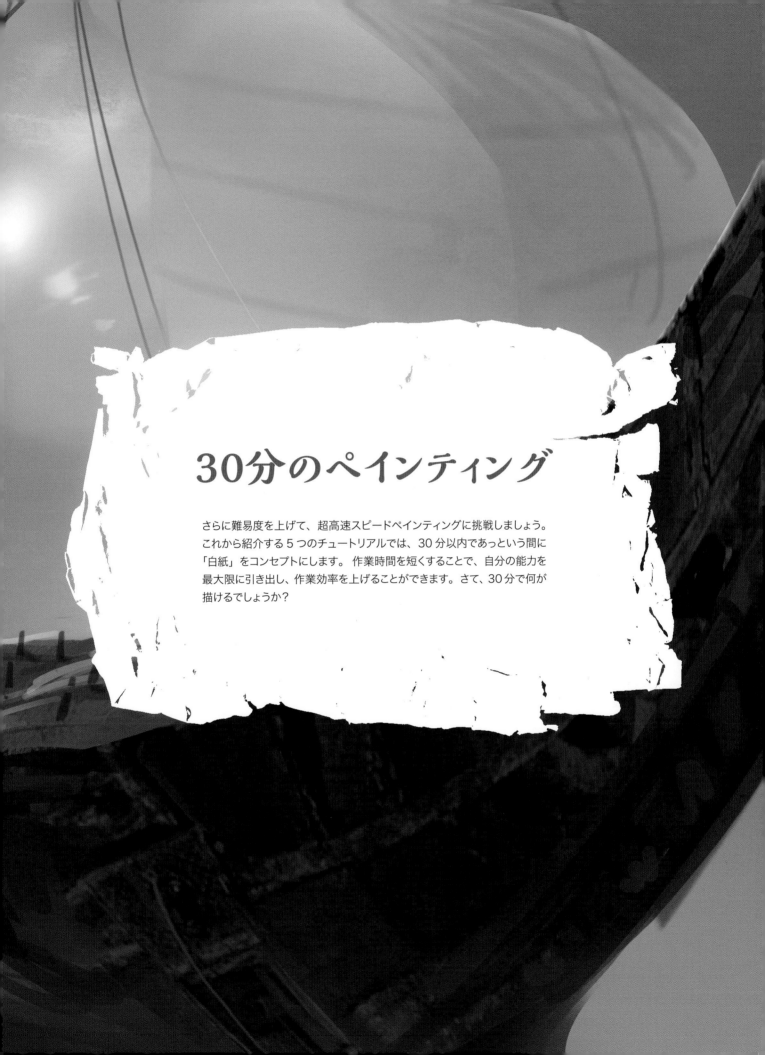

30分のペインティング

さらに難易度を上げて、超高速スピードペインティングに挑戦しましょう。これから紹介する5つのチュートリアルでは、30分以内であっという間に「白紙」をコンセプトにします。作業時間を短くすることで、自分の能力を最大限に引き出し、作業効率を上げることができます。さて、30分で何が描けるでしょうか？

SF：移動式ラボ

Sung Choi

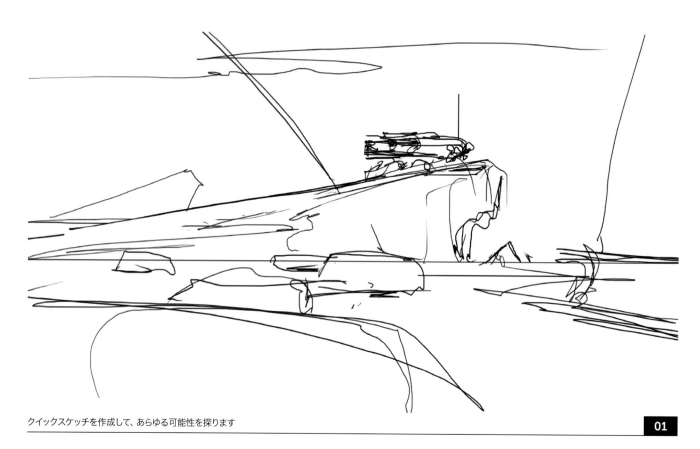

クイックスケッチを作成して、あらゆる可能性を探ります

01

このチュートリアルでは、「SF」の世界を短時間で作成するプロセスを紹介します。これは将来の作品のベースにも使えるでしょう。作業時間が限られているので、前に紹介した制作プロセス（P.202）より簡単になっています。いつもどおりシンプルな2色のスケッチから始め、良い構図とライティングを見つけましょう。

30分を有効活用するために、白黒の2色と必要最低限のテクスチャのみ使用します。これで、他の色やテクスチャについてあれこれ考える必要がなくなり、時間を節約できるでしょう。主にグラデーションとコントラストを最大限に活用し、作品の雰囲気を作り上げます。

01 アイデアのスケッチ

まず、頭に浮かんでいるアイデアをざっと描いてみましょう。シンプルな線で数分間スケッチし、実際に主な要素を配置して、この場面で起こっていることを表現します。私は酸に浸食された大地の岩の上に、「移動式ラボ」が止まっている自然環境を描きました。

02 大まかな形状

スケッチが終わったら、新規レイヤーに大まかな形状を作成します。こうしてレイヤーを整理し、シーンをシンプルな明暗の組み合わせとして示します。

図のように作成した全体の構図はシンプルで、ラボだけが目を引くような形状になっています。意図的に、後景の山のシルエットの線をラボに向けて下がるように引きました。

SF：移動式ラボ

別レイヤーで形状の輪郭を大まかに形成し、構図を構成します　　02

03 明度

明度を変更して、絵をもっとわかりやすくしていきます。まず、ベースレイヤーの上に光の形状を加え、空から降り注ぐ一条の光を再現します。次に、その他の領域を暗くして、シーンに不気味な雰囲気を設定します。

では、各ベースレイヤーの上に新規レイヤーをそれぞれ配置し、すべての光をペイントしましょう。クリッピングマスクを使えば、シルエットの輪郭からはみ出すことなくペイントできます。

"その他の領域を暗くして、シーンに
不気味な雰囲気を設定します"

明度を低くしてシーンの陰影を深め、不気味さを引き立たせます　　03

30分のペインティング

グラデーションを追加して、イメージをもっとリアルにします　04

04 グラデーション
光の形状をペイントしたら、グラデーションをいくつか加え、イメージをもっとリアルにします。こうして最終イメージのルックを把握すれば、作品全体の雰囲気に追加すべき要素を判断できるようになります。ただし、形状と構図が効果的でない場合にのみ、グラデーションを使用してください。腕を上げたいなら、グラデーションやグレースケールを使わずに、スケッチの練習を積むことをお勧めします。

05 仕上げ
シーンの上部に霧のような雲を、酸性の水面に反射光を追加しましょう。そして、水面から立ち上る煙を加え、この水が飲めないことを示唆します。また、焦点ではない鋭いエッジをクリーンアップしておいてください。このイメージは、今後より精度の高いペインティングを作成する際のスケッチ（または下地）になります。

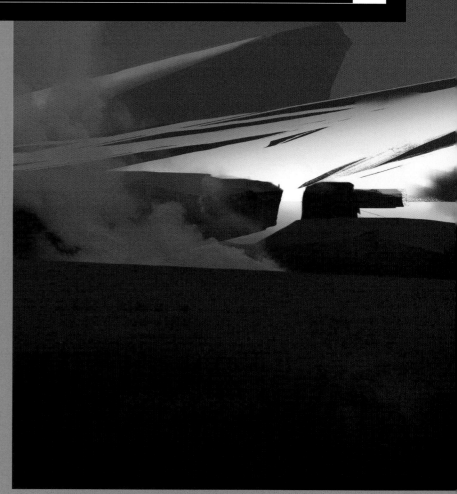

SF：移動式ラボ

SF：火星のチェックポイント

Massimo Porcella

 30 MINS

このチュートリアルでは、形状・テクスチャ・色を使って「SF」をテーマにした30分のスピードペインティングを紹介します。

01 アイデア
まず［グラデーションツール］でカンバスに陰影を追加し、ハードブラシで積極的に地面をペイントしていきましょう。このときダークグレーを使うとボリュームや奥行きが生まれます。

空はカスタムの雲ブラシで描きます。ディテールを入れたり、派手にする必要はありません。雲はシンプルな形状で十分です。

後景を占める巨大な構造物を作成しますが、これは作品の焦点ではありません。幾何学的な構造物を作成する際は、［多角形選択ツール］をお勧めします。

" 必要に応じて、これらを［自由変形］で伸縮・調整し、新しい形状にしてみましょう "

後景レイヤーを作成します　01

SF：火星のチェックポイント

スペースシップの形状　02b

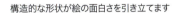

構造的な形状が絵の面白さを引き立てます　02a

02 形状

形状をもう2つ作成します。1つめは後景の巨大な構造物を引き立てるための形状（図02a）、2つめは構図のバランスを取るためのスペースシップです（図02b）。

まず、別レイヤーに［多角形選択ツール］で幾何学形状をランダムに作成し、それをコピー＆ペーストして複製します。必要に応じて、これらを［自由変形］で伸縮・調整し、新しい形状にしてみましょう。

作成した形状をコピーし、後景の巨大な構造物の支柱としてそれぞれ配置したら、空気遠近法に従いサイズと色調を調整します。スペースシップの形状は三分割法の線の交点に配置し、絵の主な焦点にします。ここでは左下隅にスペースシップを配置しました（図02c）。

構造的な要素をイメージに統合します　02c

213

30分のペインティング

03 コントラストと光

コントラストを加えて奥行きとボリュームを表し、[トーンカーブ] で明暗を引き出します。スペースシップのすぐ後ろには光源を追加しましょう（このシーンの光源は「太陽」です）。地平線の近くに配置するとドラマチックになり、雰囲気がさらに高まります。光源は低い位置にあるので、影は伸びて歪みます。

太陽では、まず中央をハードブラシでペイントします。次に新規レイヤーを用意して、ソフトブラシで霞がかった光輪（ハロ）のエフェクトを作成しましょう。

コントラストと光源を追加します 03

04 ベースカラー

ステップ 01 のように、[グラデーションツール] でベースカラーを追加します。私は、火星の夕景にふさわしい泥のような赤を選びました。さまざまな描画モードを試して、お気に入りの効果を見つけましょう。ベースカラーはペインティング全体の雰囲気と色調を決定するので、慎重に選んでください。

ベースカラーを慎重に選び、シーンの雰囲気を決定します 04

SF：火星のチェックポイント

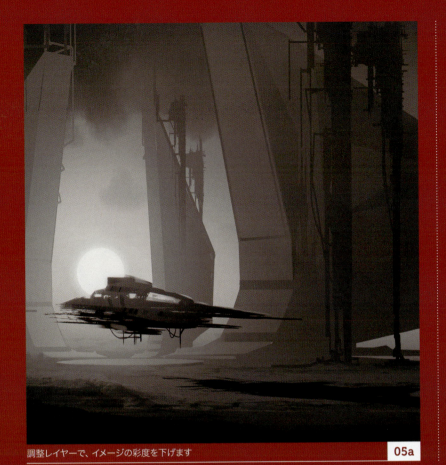

05 地面

レイヤーを1つに統合し（[Ctrl] + [Alt] + [Shift] + [E] キー）、[白黒] 調整レイヤーで彩度を下げます（図05a）。

次は、[レベル補正] で最も明るい白と最も暗い黒を表します。基本的にイメージのコントラストはできる限り強くしましょう。続けて、[自動選択ツール] で最も暗い領域のマスク範囲を作成します（図05b）。

新規レイヤーを作成し、設定したマスク範囲を使ってベースカラーを目安にグラデーションをペイントします。この方法によって、ペイントする部分をコントロールできます。コントラストをさらに明確にして空気遠近法を強め、平面に奥行きをもたらしましょう（図05c）。

光源と焦点が強調されたので、シーン全体がはっきりしました（図05d）。では、イメージの遠い部分に霞を描いてぼかし、被写界深度の効果を与えましょう。これでシーンに大気が加わり、ドラマチックな雰囲気になります。

調整レイヤーで、イメージの彩度を下げます　　05a

黒の選択範囲をマスクします　　05b

ライティングで、鑑賞者の視線を導きます　　05d

地面にグラデーションをペイントして、空気遠近法を強化します　　05c

215

30分のペインティング

夜景のリファレンスを使って、人工光を取り入れます

06a

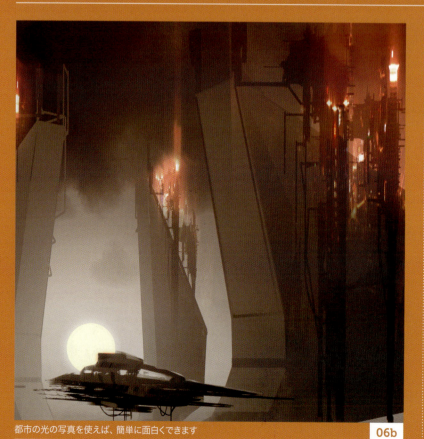

都市の光の写真を使えば、簡単に面白くできます

06b

06 人工光のテクスチャ

都市の夜景のリファレンス画像を探して、人工的な明かりを作成します。まず、このライトを背景の構造物とその横の支柱に合うように伸縮させましょう。次に、[覆い焼きカラー]描画モードを適用し、ライトを残して黒を取り除きます。最後は、控えめなぼかしブラシで、上に向かって伸びる光を作成します（図06a、b）。

この方法を使えば、都市のコンセプトデザインやSFのインテリアに面白い光を追加できるでしょう。

SF：火星のチェックポイント

テクスチャブラシ(右)で老朽化や風化を表します　07

07 テクスチャブラシで老朽化させる

主な要素を配置できたら、シーンをもっと明確にしていきましょう。テクスチャブラシで老朽化したディテールを加え、初期のコンセプトを強化します。今回の舞台は「寂れた惑星」なので、構造物を風化させ、壁を汚し、全体のムードと調和させます。

スペースシップにも「さびついた」パターンで汚しを加え、風化した雰囲気を表現しましょう。ランダムなパターンをざっと加えると、スペースシップがさらに引き立ちます。さびはスクエアブラシで直接加えてください。

08 コントラスト・洗練・覆い焼きカラー

コントラストの調整に戻り、全体を暗くします。［トーンカーブ］で黒を弱め、白を強くしましょう（ほんの少しだけ）。シーンの明暗を引き出せば、コントラストだけでなくボリュームや奥行きも加わります。これによって鑑賞者の視線を最も明るい位置、すなわちスペースシップに集中させることができます。

主な焦点を明るく目立たせるため、ライティングのディテールを構築していきます。新規レイヤーを［覆い焼きカラー］モードに設定して、ハードエッジブラシでペイントしましょう（硬さを少し下げます）。最後に粒子のエフェクトを少し加えて、このステップは完了です。

> " 構造物を風化させ、壁を汚し、全体のムードと調和させます "

イメージの焦点を際立たせます　08

217

30分のペインティング

キャラクターでスケールを伝え、構図のバランスをとる　09a

三分割法を使えば、素晴らしい構図を作成できます　09b

09 キャラクターの配置と仕上げ

構図にバランスを与えて、スケール感を高めるため、適当な要素を追加しましょう。このような場合、キャラクターに勝るものはありません。キャラクターはこの荒涼としたシーンに生命を吹き込んでくれます。では [その他] をオフにしたハードエッジブラシで、キャラクターのシルエットを描画しましょう。ここでのアドバイスは「シルエットを別レイヤーに描き、そのサイズと位置をあとで調整する」です。そうすれば、キャラクターとシーン全体のバランスを把握しながら、簡単に移動することができます（図09a）。

キャラクターを環境の一部として馴染ませるため、シルエットの上を簡単にペイントしましょう。[スポイトツール] でシーンの色を選択し、線をいくつか加えて立体的に表現します。キャラクターをシーンに配置する際は、三分割法を用いてバランスの取れた構図にしましょう。位置をチェックしたい場合は、3×3のグリッドをざっとスケッチしてください図09b）。

最後に立体的な粒子のエフェクトで足と地面の間をブレンドし、キャラクターと地面を調和させます。これでペインティングは完了です！

SF：火星のチェックポイント

ファンタジー：流れのままに

30 MINS

Katy Grierson

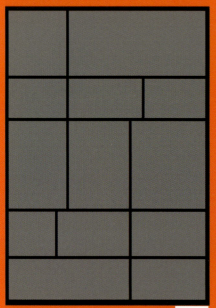

カンバスを設定し、新規レイヤーにボックスを作成してロックします　01

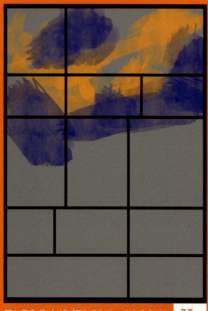

何も考えず、ただブラシストロークを走らせましょう！　02a

さまざまな色を描き、テクスチャと色調にバリエーションを与えます　02b

描画・ペイントするとき、インスピレーションが湧いてこなかったり、反対にインスピレーションが湧きすぎたりすることがあります。そして、湧き上がったアイデアを放棄するのは、難しい判断になるでしょう（それらは有益なものをもたらしてくれる可能性を秘めています）。正しい姿勢で制作に臨めば、スピードペインティング・コンセプト・サムネイルの作成はとても自由なプロセスになります。そして「幸運なアクシデント」から得たアイデアを探求し、力強いイメージを作成できるのです。

01 設定

まず、カンバスをA4サイズ（2,480 × 3,508ピクセル）に設定し、無限に広がる可能性とアイデアに一定の枠組みを設けます。背景色を味気ない白から中間グレーなど柔らかい色に変更すると、目にやさしくなるかもしれません。次は、新規レイヤーに内側が透明のボックス（枠）をいくつか作成します。各ボックスのサイズ・比率は自由に設定できますが、バリエーションを豊かにしてください。間違ってボックスを上塗りしてしまわないように、このレイヤーをロックしましょう。

02 ペインティングの開始

大きなブラシを選択し、ボックスの下のレイヤーにさまざまな色・色調・テクスチャ・不透明度でストロークを加えていきます。具体的なものは描画せず、カンバスを色とテクスチャで塗りつぶしてください。どんなブラシでもかまいませんが、大きいサイズを選びましょう。そうすれば、作業スピードが上がり、具体的なものをペイントしようとする衝動にブレーキがかかります。「初期段階の自由な描画」を習得するのは難しいかもしれません。しかし、ここでの努力は最終段階できっと実を結ぶことになります（図02a）。

描画を継続し、ボックスを塗りつぶしていきましょう（すべて塗りつぶす必要はありません）。色が大きく混ざり合い抽象的な見た目になっていますが、これがサムネイルのベースになります。このようにしてペインティングを始めると、白のカンバスを塗りつぶさなければならないというプレッシャーから解放され、創作に集中できます（図02b）。

ファンタジー：流れのままに

形状を吟味して選び、輪郭を明確にして発展させます 03a

03 形状を見つけ出す

ここでボックスを1つ選び、フォーカスします。その中に、大きなブラシで形状と色をさらに追加し、「何か」が浮かび上がってくるまでプロセスを続けましょう。まるで雲の形が別のオブジェクトに見えてくるように、色と形状が木・石・クリーチャー・人間に変化してきます。気に入った要素を見つけたら、それを強調して発展させましょう。このプロセスには、正しいも間違いもありません（**図03a**）。

少し時間を割いて、他のボックスでも試してください。このとき、ズームインして形状を定義してはいけません。ディテールにこだわらないようにしましょう。私はよく[なげなわツール]や[選択ツール]でハードエッジを作ります。これらのツールは、スピードペインティングでハードエッジを作成する際に重宝します（**図03b**）。

04 作業を進める

左上のサムネイルから作業を進めます。私は木のような形の構造が気に入りました。これは、中心をトンネルが通っているような形になっています。

新規レイヤーを[覆い焼きカラー]描画モードに設定します。Photoshopで作業しているなら、[透明シェイプレイヤー]ボックスのチェックマークを外し、ブラシの不透明度を下げましょう。これで間違いを回避し、正しく上塗りできます。

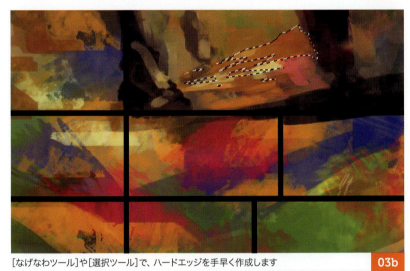

[なげなわツール]や[選択ツール]で、ハードエッジを手早く作成します 03b

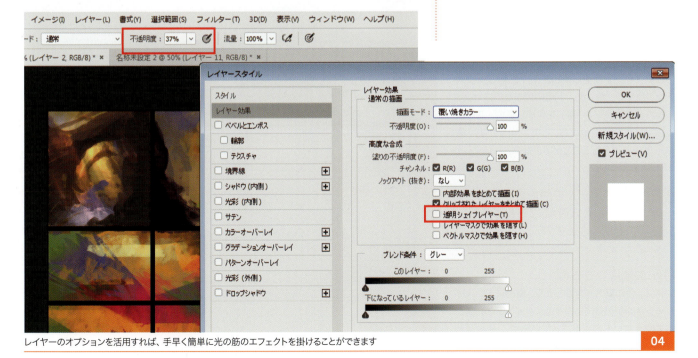

レイヤーのオプションを活用すれば、手早く簡単に光の筋のエフェクトを掛けることができます 04

221

30分のペインティング

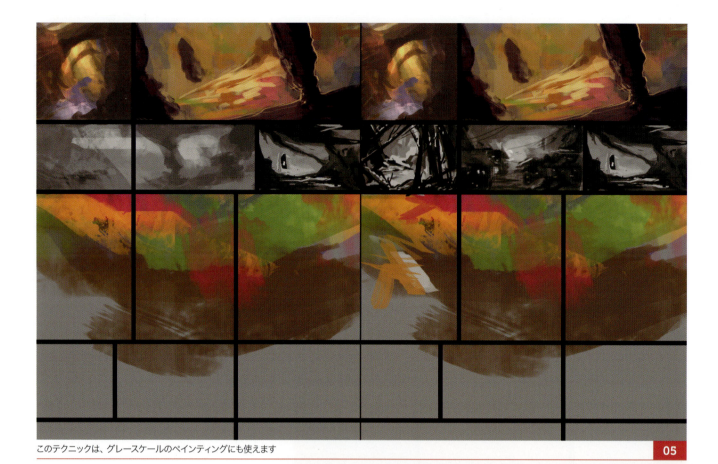

このテクニックは、グレースケールのペインティングにも使えます

05

05 グレースケールのペインティング

グレースケールのペインティングは、サムネイルに最適です。ここでは1つまたは複数のボックスの彩度を下げ、色を使わずにこれまでと同じプロセスを実行しましょう。まず色でベースを作成し、そこから彩度を下げることをお勧めします。これにより、さまざまなグレーの色調を作り出せます（図05）。

ここでブラシを変更しましょう。平坦なテクスチャブラシで「村」を、不透明度をゼロにセットしたハードブラシで「森」を作成します。このようにツールを使い分けることで、描きやすい領域以外にも気を配ることができます。

" このようにツールを使い分けることで、描きやすい領域以外にも気を配ることができます "

06 失敗はつきもの

中には、色に魅力がなかったり、構図にインスピレーションが欠けていたりと、ペインティングとして使えないものも混ざっています。そんなときは、そのボックスに見切りをつけましょう。

役に立たないボックスは切り捨てましょう！

06

ファンタジー：流れのままに

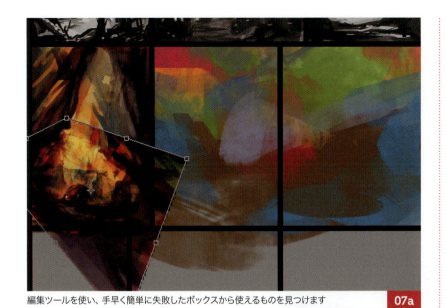

" これらの方法を駆使すれば、手間と時間を最低限に抑え、ボックスを死の淵から救い出せるかもしれません "

編集ツールを使い、手早く簡単に失敗したボックスから使えるものを見つけます　07a

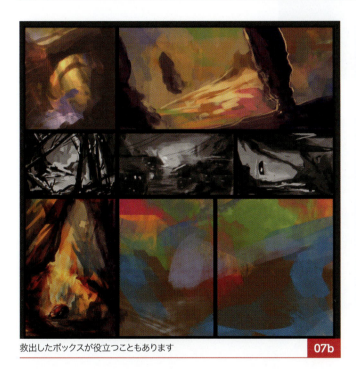

救出したボックスが役立つこともあります　07b

実験して素早くアイデアの可能性を探ることができます　08

これまでに使った時間はほんの数分なので、もう30分費やして同じような結果に終わるよりも、次に進んだほうが賢明です。これを何度も繰り返せば、「次につながらない」ボックスの数も少なくなっていくでしょう。

07 ボックスの救出
ボックスが使えるかはっきりしない場合は、以下の方法を試してみましょう。

ボックスを新しいレイヤーに複製して、描画モードを［オーバーレイ］に設定し、［自由変形］で形状を歪めます（ゆがみ・自由な形に・ワープなど）。ハードエッジの一部を消したり、描画モードを［ソフトライト］に設定したりします。

これらの方法を駆使すれば、手間と時間を最低限に抑え、ボックスを死の淵から救い出せるかもしれません（図07a、b）。

08 結果
特定の目的を持たずにペインティングで実験すれば、サムネイルをもっと自由に、自然な形状で作成できます。しかし、そのすべてが良好で次につながる可能性を秘めているわけではありません。

図08のとおり、私は下段中央のボックスを切り捨てることにしました。形が曖昧で心に訴えかけるような要素もなく、単純に良いサムネイルではなかったためです。しかし、結果として15分以内に8つのサムネイル、そして、3〜4つの可能性を秘めたものを作成できました。

30分のペインティング

ズームアウトし、完成形をおおまかに把握します　09a

09 発展と改良

サムネイルを1つ選び（左上のサムネイルを選択）、さらに発展させたら、新しいファイルに移しましょう。今回はカンバスを6,000×4,000ピクセルに設定し、風景を表現することに決めました。このように、30分の半分にも満たないわずかな時間で、完成形に近いものを作成することができました（**図09a**）。

構図をチェックして、問題点を見つけるための最善策が、イメージの反転です（**図09b**）。もっと長い時間のスピードペインティングなら、写真テクスチャを追加し、シーンにさらなるディテールを表現できるでしょう。

イメージを反転するか鏡面コピーして、問題がないかチェックします　09b

ファンタジー：流れのままに

ソフトウェアの変形ツールを試し、スピードペインティングの可能性を最大限に引き出します　10a

検証すれば、より良い構図が見つかるかもしれません　10b

10 試行錯誤を続ける

反転させたイメージ内に優れた要素を発見したら、元のイメージにとらわれることなく積極的に採用し、発展させましょう（図10a）。

[自由変形]（[Ctrl]＋[T]キー）でスケールを大きくするなど、試せることはまだたくさんあります。複製・回転・パースの追加など、勇気をもってさまざまなことを試してみましょう（図10b）。

11 もうすぐ完成！

スピードペインティングのタイムリミットが迫っていますが、肉付けする時間がほんの少しだけ残されています。ここでイメージを再反転させて元に戻し、前景に暗い木を、後景に明るい木を加えて奥行きを出しましょう。中景の地面にも木々や枝葉のディテールを少しだけ加えます。ここで、テクスチャブラシを使うと簡単にディテールを追加できます。

" 反転させたイメージ内に優れた要素を発見したら、元のイメージにとらわれることなく積極的に採用し、発展させましょう "

ここでディテールに取り掛かります　11

225

30分のペインティング

レイヤーで微妙な色調や色を追加します　12

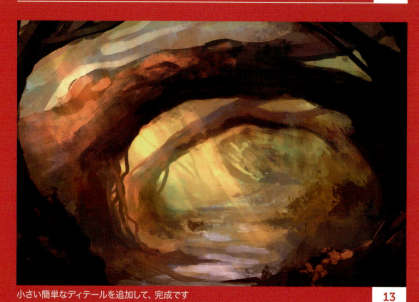

小さい簡単なディテールを追加して、完成です　13

12 色の奥行き
レイヤー効果を活用すれば、絵をもっと面白く「ポップ」なものにできます。低い不透明度にしたテクスチャエアブラシを[ソフトライト]と[オーバーレイ]で使い、微妙な色合いを取り入れてみましょう。暗い領域に青と紫、明るい領域にオレンジとピンクをペイントすると、手軽にポップなシーンに変更できます。それに加え、あとでスピードペインティングを仕上げるときに、これは最良の下地になります。ここで[カラーバランス]と[レベル補正]などを適用し、[色相・彩度]のレベルを微調整して、全体を均一にしましょう。

13 仕上げ
[覆い焼きカラー]レイヤーを使ったステップ04と同じ方法で光の筋を追加し、日光の当たっている部分をいくつか作成します。こうして、鑑賞者の視線を導きましょう。さらに、葉っぱのブラシで木の葉をペイントし、つるも簡単に描いて、ディテールを表現します。最後に数羽の鳥を加えて、鑑賞者の視線をさらに絵に引き込んでください。スピードペインティングはこれでひとまず完成ですが、まだ時間をかけて修正できる余地がたくさん残されています。

ファンタジー：流れのままに

ファンタジー：パレード飛行

Ioan Dumitrescu

壮大でダイナミックな空のペインティングから始めます

01

このチュートリアルでは、30分のスピードペインティングで「ファンタジー世界の乗り物」を作成します。何も恐れることはありません。これから進めるプロセスでは（良いアイデアがなくても同様です）、円ブラシを使って大まかに描画し、抽象的なブラシストロークからアイデアを抽出していきます。

まず、実際に描くものをあらかじめ考えておく必要があります。「たくさんのスペースシップが繰り広げる壮大な宇宙戦争、前景には5人の兵士をペイントする」では、あまり現実味がありません。無理だとは言いませんが、自分に課したプレッシャーに押しつぶされ、イメージがまとまらなくなるでしょう。また、鑑賞者や自分にも理解できるように洗練するため、もう1時間費やすことになってしまいます。

01 空

このタイトルでもわかるように、これから飛行船を作成するので、まず空から取りかかりましょう。ダイナミックなパースで作成し、面白い構図にします。雲を活用して、3点透視で描いていきましょう。

最終的に太陽が雲の切れ間から顔を覗かせているように見せたいので、［覆い焼きカラー］で明るい光のポケットを浮かび上がらせます。

ファンタジー：パレード飛行

船のシルエットを簡単にペイントし、帆を加えます　02

飛行船を大きくして、迫力を出します。朝鮮水軍の重装備の亀甲船を想定　03

装甲を追加し、この飛行船が軍艦であることを強調します　04

02 飛行船

古い帆船が波を分けて進むように、飛行船を正面から描画し、雲の間を切り開いて進ませることにします。これでイメージにさらなる躍動感が生まれるでしょう。基本形状からペイントを開始し、細長い船体と2本の風になびく帆を作成していきます。船体の表面には太陽光を当て、散乱させましょう。

おそらく大気中では、飛行船の表面に水分が付着しているため、その水滴の反射やハイライトを表現してみてください。

03 飛行船を大きくする

カメラアングルをもっと広角に切り替えれば、飛行船が大きくなり、船首に迫力が生まれます。元の構図の湾曲を活用すれば、船体のカーブを形成できます。

" カンバスの向こう側から光が突き抜けてくるような雰囲気を出してください "

04 ディテールと帆の追加

船体にディテールを加えていきます。これは飛行船なので、戦闘用の装備を加えると面白くなりそうです。

図03の解説で述べているとおり、亀の甲羅のような装甲から名付けられた朝鮮水軍の亀甲船を想定しましょう。適切なリファレンス画像を見つけて、亀甲船全体の形状とデザインを正確に描画してください。

次に着目するディテールは「帆」です。カンバスの向こう側から光が突き抜けてくるような雰囲気を出してください。帆に縫い目を描くと、ボリュームとテクスチャの外観が加わります。続けて、飛行船の両側にとげを追加します（船体の上に追加してもよいでしょう。ここでもリファレンス画像が参考になります）。

229

30分のペインティング

索具のような小さなディテールを加えれば、デザインに真実味が生まれます　05a

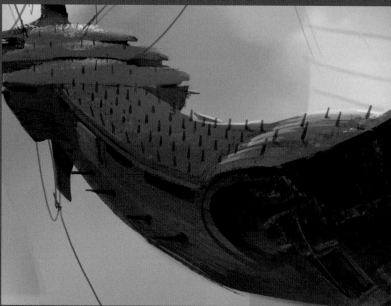
船体の上にとげを追加し、飛行船の迫力をさらに強めます　05b

05 カンバスの反転と仕上げ

カンバスを反転させ、作品全体を新鮮な視点から見直しましょう。今回は反転させたイメージの方が力強く感じられたので、そのまま使うことにしました。あとは小さな要素をいくつか付け加えるだけで、作業はほぼ完了です。

まず帆の機能を表しましょう。帆を引っ張るには「マストと索具」が必要です。そこで、中央のマスト、そして帆を両側からロープで支えるための索具を追加します（**図05a**）。ここで船体の上にとげを、船首には霧状の雲を追加します（**図05b**）。スピードペインティングはこれで完成です。

ファンタジー：パレード飛行

フィルム・ノワール：発砲

Ioan Dumitrescu

10 MINS

このチュートリアルでは、超高速スピードペインティングを行います。これは特に秒単位の速さが求められるような、非常に短い時間でのスケッチになります。

私にとって「フィルム・ノワール」は、その印象的な粗さ・鮮明なライティング・ドラマチックな角度などの特徴を持つお気に入りのジャンルの1つです。これはまた、ゲーム・映画・その他さまざまな映像作品において、インスピレーションの源となるでしょう。

01 コントラスト

制限時間は10分です。さっそく作業に取り掛かりましょう。失うものはありません！まず、スピードペインティング独特の荒っぽさやダイナミズムとともにコントラストを加えるため、黒の背景に一条の光を描きます。

一条の光が素晴らしいコントラストを織り成します **01**

フィルム・ノワール：発砲

自動車とヘッドライトを追加し、雰囲気を高めます　02

02 雰囲気

コントラストの次は、イメージに少し雰囲気を加えましょう。思い描いたのは、往年のギャング映画のようなワンシーンです。

「降りしきる雨の中、クラシックカーが停車し、主人公の銃口はフレーム外の誰かに向けられています」

まず、シンプルな車の形状をスケッチし、ヘッドライトを追加します。この明かりを調整して空気中に反射させましょう。メインキャラクターをドラマチックな見た目に仕上げるため、ここで雰囲気づくりをしっかり行うことが大事です。

03 メインキャラクターの追加

コントラストと雰囲気を作成したので、メインキャラクターに取り掛かりましょう。昔の探偵小説に出てくるような、「間の悪いタイミングで、間違った場所に居合わせる私立探偵」のイメージは、今日でも魅力にあふれています！まず、シンプルな黒のシルエットを作成し、ディテールを加えて生命を吹き込みます。キャラクターには上から光が当たり、その側面は自動車のヘッドライトによって強く照らされています。

満足のいく出来映えになったら、次はグレースケールノイズを追加します（[フィルター] > [ノイズ] > [ノイズを加える]、[グレースケールノイズ]をオン）。続けて[ぼかし（移動）]を適用し、雨が降っている様子を表現しましょう。

全体の上からブラシでペイントし、雨に躍動感とリアリティを与えます（大まかな雨のストロークや跳ね返りなど）。今回は一連の作業を1つのレイヤーで行いましたが、通常は複数のレイヤーに分けて進めます。そうすれば、必要に応じて要素を切り取ることができるでしょう。

キャラクターと雨を追加し、イメージに生命を吹き込みます　03

10分のペインティング

小さなディテールが大きなリアリティをもたらします

04

04 小さなディテール
ここで絵の品質を左右することになる、小さなディテールを追加します。ノイズを加えると、輪郭がぼやけることがあるため、ここでその一部を修正するとよいでしょう。メインキャラクターは土砂降りの中で立っているので（依然として標的に注意を向けています）、風が吹き荒んでいるように襟を立たせます。そして、フェドーラ（中折れ帽）の縁だけでなく、肩や銃の雨粒にも、ヘッドライトの明かり（反射）をペイントします。

" 10分のスピードペインティングでは、小さなディテールに注意を払っている余裕などありません。気を大きく持って、楽しみましょう！"

05 セピア風
仕上げとして、イメージの色を調整しましょう。私は往年の映画のワンシーンのように、セピアを少し加えました。

10分のスピードペインティングでは、小さなディテールに注意を払っている余裕などありません。気を大きく持って、楽しみましょう！

フィルム・ノワール：発砲

Thomas Scholesの
マスタークラス

最後のセクションは、才能豊かなアーティストThomas Scholesのマスタークラスです。彼の描いた素晴らしい絵だけでなく、デジタルペインティングプロセスおよびワークフローの「いろは」を紹介します。忘れ去られたものの再発見、古いアートの分解と再利用、そして、新たな挑戦で心の筋肉を活性化する楽しみについて解説します。

Thomas Scholesのマスタークラス

All text and images © Thomas Scholes

多忙な頭脳労働に終始した1日は、無性にクリエイティブな満足感を求めたくなることがあります。健康的な夜の休息につく前に、少しでもいいのでクリエイティブなことに時間を充てたいとよく思います。

そんなとき、時間をどう使いますか？ 1〜2時間でアーティストに何ができますか？ その時間内で、価値を生み出すには何をすべきでしょうか？

このような問いへの個人的な見解がどうであれ、皆さんがアートの自由時間を賢く活用することを願っています。仕事から離れた時間は、研究、自己表現、知識の向上、経験を広げるための練習などに利用できます。

そのような研究以外にも、クライアントのビジョン、絶え間なく変化する指示書や脚本、そして、鑑賞者のニーズに上手く対応させるスキルも必要です。

あなたが、シーンやデザインをダイナミックに適応・変化させられるアーティストなら、多くのクライアントは、その機敏さ（アジリティ）を評価してくれるでしょう。

加法的なリニアプロセスで右往左往するよりも、指数関数的・反復的・再帰的に仕事を進めましょう。既存の構造や価値から学べることが多く存在するのに、どうして、その作品が完成したと言えるのですか？アーティストとしてのやり方を含め、なぜ、あらゆるものがリニアで不変でなければならないのでしょう？デジタルペインティングの世界に「時間」という概念はありません。この媒体は決して乾くことなく、ずっと柔軟なままであり続け、間違いは巻き戻して修正できるのです。しかし、過去から学ばなければ同じことの繰り返しになるでしょう。

注意

はっきり言って、私は数時間で満足して仕事を終えることはほとんどありません。しかし2時間あれば、既存の作品や世界を発展させるには十分です。実験的・芸術的な練習をする時間もあるでしょう。これは「投資」と捉えてください。作成したスケッチや明度の検証をすべて保存して、あとで洗練・抽出することは極めて重要です。無駄を省きたいなら、無駄になったものを変更・再利用して、新たな機会や可能性を生み出すべきです。上手く描かれた数本の地味な草でさえ、数多くの考察・再投資、あるいは、時間の節約につながるでしょう。

進化

そうした考えから、私が過去数年で制作した何百枚もの絵は、個人アーカイブの中で生き続けています。そして何度も立ち返り、それらとその派生物（子孫）に新しい生命を吹き込んでいます。

一見この習慣は、「限られた時間でゼロから作品を完成させる」というスピードペインティングの標準的な手法と相反するように見えます。しかし、私のセッションはすべて、**「制限時間内で興味を引いた1〜2つの重要なアイデアや要素を強調する」**というシンプルで率直な意図から始まります。そして特に支障がなければ、スピードペインティングの解釈を広げ、過去の要素を含めることで、制作プロセスやモチベーションを上げるのに活用しています。これらの手法をワークフローに直接取り入れないにしても、直観力を鍛えるトレーニングとして活用できるでしょう。

Thomas Scholesのマスタークラス

世代を重ねた誘発

これらのセッションでは、過去の作品をコラージュ形式で集めたアセットが含まれることもあれば、互いに重なり合った複数の絵のこともあります。あるいは、行き詰まった絵のお気に入りの部分を反復的に変化（突然変異）させることもあるでしょう。こうして、元の作品が蘇り、新たに別の作品が生まれるのです。

こういった手法は決してリニアとは言えず、伝統的あるいは正統派のプロセスとは異なるかもしれません。しかし、興味の流れ、イメージの可能性、作品へ望むこと、作品全体で実現できるかもしれないわずかなコントロールに熱心に従うことは（商業的にも非商業的にも）有益と言えるでしょう。

Thomas Scholesのマスタークラス

多様性と成長

今までと異なる結果を出したければ、別のやり方で作業しましょう。アーティストが真にクリエイティブであるためには、ツール・課題・考え方においてもクリエイティブでなければいけません。しかしながら、ある程度「プロセスを標準化」しないと混乱を招いてしまい、共感を得られる実践的な結果にはならないでしょう。

進化と面白さには、多様性と突然変異が必要ですが、成長と伝達には、構造と安定性が求められます。

こういった制約や制限は、クリエイティブな広がりを邪魔することがあります。しかし、面白く革新的なものを構築する「フレームワーク（骨組み）」にもなるでしょう。

それらは「時間的」制約として現れたり、「題材・ブラシ・カラーパレット・手法・媒体・テクニック」といった制約のかたちで現れたりします。

反復と再利用 1

既存要素を反復・再利用すれば、当然ながら問題になります。しかし、必要に応じて視覚的なリズムに変化させることができます。それは、複数の絵を通したテーマのバリエーションや本質的な反復になり、視覚的で概念的な題材のプロトタイプ制作に適しています。

幼い頃にテレビゲームで遊んだことがある人は、これらのテクニックに親しみを感じるでしょう。ペインティングにおけるアセットの再利用とカモフラージュは、初期のゲーム用ハードウェアメモリの容量制限から生まれたテクニックと似ています（それらは、今日のゲームでも制約や課題となっています）。

Thomas Scholesのマスタークラス

反復と再利用 2

オブジェクトやプロップの反復は、即興的で連続的なアートであり、ナラティブのきっかけを内包しているとも言えます。私がペイントしたアセットライブラリの中には、実際にそのようなプロップがあります。

プロップの新しい居場所が見つかると、それらが長年にわたって訪れたさまざまな場所やシーンを追体験し、古い友人に会うような感覚を覚えることがあります。皆さんの自宅にある家具と、それにまつわる昔のアパートや家のストーリーを想像してみてください。

デジタルペインティングの話に戻しましょう。ここ2～3年、私の作品に繰り返し登場する木製の椅子があります。これは、旅を続けるストーリーの実質的な主人公です（公開待ちですが）。他の登場キャラクターには、心のある球根、吊り下がった電飾がいます。もしかすると彼らは、旅する椅子の助けを借りているかもしれません。

私は、過去に描いたテーブルの木材を分解して再利用するのも好きです。私の創造した世界の住人たちも、資材が不足して切迫した状況では、リサイクルすることでしょう。このようにして、反復プロセスと作品が自然に、そして確実に調和するのです。これは効率的な制作にもぴったり合うと思います。

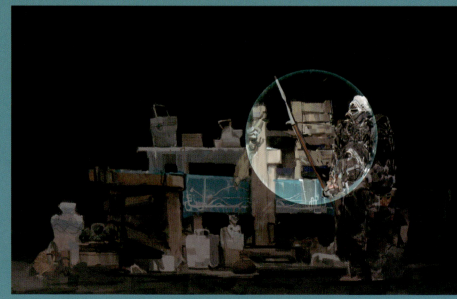

"私の創造した世界の住人たちも、
資材が不足して切迫した状況で
は、リサイクルすることでしょう"

人生は短い

これらの大半は、最初から描き直してもそれほど手間にはなりません。しかし、（2時間の枠だけでなく人生全般において）時間はとても貴重です。私の目標は、描き方を学ぶだけではありません。鑑賞者が作品を解釈して感じとれるように、そしていつの日か、固有の感情や活力の表現を含む作品を創造できるように、シーン・背景・世界のデザインと構築方法を学びたいと思っています。

ある意味、ビジュアルアート（視覚芸術）の練習は筋トレによく似ています。自分の反応が直感的（あるいは無意識）になり、潜在意識から反応が生まれるようになるまで、練習と改善を続ける必要があります。ここで、合理主義／理性主義な人は異議を唱えるかもしれません。しかし、彼ら自身やその作品にも、独特の声（小さなささやき、舞台の大きな声）や足跡が入っていないと言いきれるでしょうか。

ペイントブラシの代わりにコラージュを利用すると、心の筋肉がほぐれ、いくつかの他の筋肉を休ませることができるでしょう。異なる手法の練習になるだけでなく、古いツールへの情熱が蘇るという点においても有益です。

これは「遠ざかるほど思いが募る」「基本的な後退と再編成」「枝先が木の幹に栄養を与える」などと例えられるかもしれません。このようなメタファー（隠喩）については、読者に判断をお任せしましょう。

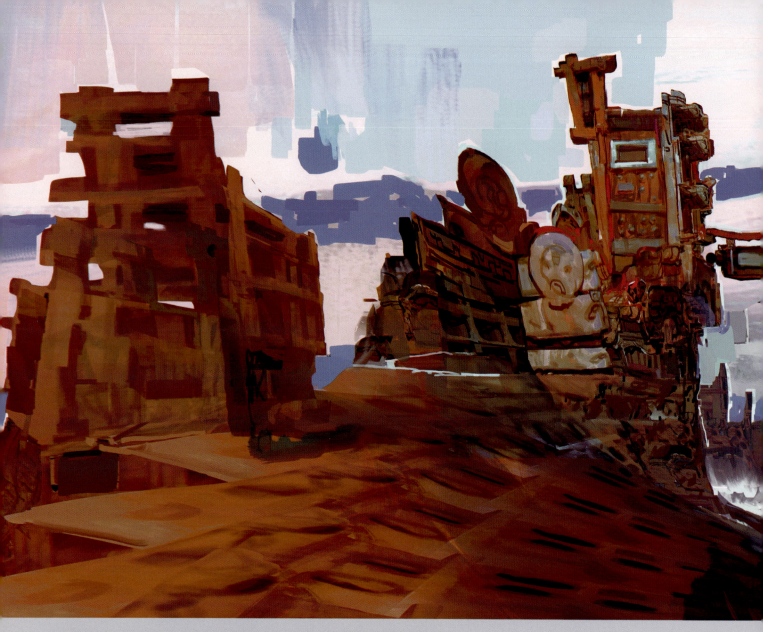

やっかいな問題とメタファー（隠喩）

どんなアイデアでも飽きがくるように、デジタルペインティングでも意欲が失せてしまうことがあります。絵がかたちになっていくにつれ、その重要なマテリアル（素材）に流動性がなくなり、固体のように固まっていきます。そして、その改善のための能力・関心・日々の活力が減退していくのを感じます。

短い休憩を入れると、そのような問題が緩和されることもあります。そして、再着手すれば、意欲は戻ってくるかもしれません。無理に進めず、スキルとやる気が再び整うまで休息をとりましょう。

自分の作品と健全な関係を構築することは、とても大事です。作品を1個人として扱い、作品が「望むこと」やその可能性を尊重しましょう。熟成させた方がよい場合もあるでしょう。作品に対する自分の感じ方や期待度もそうですが、休息が必要なときもあるのです。この段落を読んで、ばかげていると思う人もいるかもしれません。しかし、私が現実世界を理解する上で、こういったクリエイティブなラッピング・枠組み・メタファー（隠喩）はいつも役立っています。

Thomas Scholesのマスタークラス

逆行

実際のところ、昔ながらの媒体や手法を用いるアーティストは、ここまで説明したワークフローを具体的に実践できないかもしれません。しかし、一般的にデジタルツールを補助的に使うと生産性が上がります。イーゼルに放置された過去の作品の直感を取り戻したり、[Ctrl] + [Z] キーで元に戻せない伝統的な問題の解決に向けて、データを検証・収集したりすることができます。

ここでは急がずに、目的と尊重を持ってあらゆるマークを描いてみましょう。大事なことは節度と多様性です。「習うより慣れよ」という格言を思い出してください。そして、どんな媒体もそうあるように、デジタルペインティングにも特有の練習方法があります。

248

効率とリサイクル

[Delete]キーは使わず、カット＆ペーストを行いましょう。絵から削除する要素の大半を回収しておけば、「コンセプト・課題・美的な複雑性・調和・構図」などに役立てることができます。一般的に無駄なものは、「非効率・無知・不適切な管理の表れ」であると覚えておいてください。

整理整頓や自動化に時間をかけましょう。私が最近行なったデジタル調整は「遠近グリッドの表示／非表示を1つのキーに設定する」で、アナログ調整は「メモをとる」です。皆さんも自分で調整し、最も上手くいったものがあればメールで報告してください。お互いに情報交換を心がけましょう。伝わらないものは失われていきます。私たちは自分のコミュニティの状態や調子に責任を負い、友好的な隣人・仲間、であり、無駄を嫌う倹約家であるべきです。

おせっかいな助言

アイデアを伝えるのに役立つテクニックもあれば、自分が表現したいものを見つけるのに役立つテクニックもあります。映像作家であれ、コンセプトデザイナーであれ、アーティストが情報を伝えるには、その「言語」に堪能でなければいけません。よって、興味のあるものはすべて経験してみることをお勧めします。そうすれば、思いもよらなかった場所で答えが見つかることもあるでしょう。

そして、自分の作品や他人の作品で使う専門用語には、細心の注意を払ってください。そのような決まり文句や判断は、簡易システムの効率的な思考処理に役立つこともありますが、複雑な現実やそのニーズの一部分を表しているに過ぎません。

最後に、自分を他人と比べるのではなく、昨日、先週、または、先月の自分と比べてみます。あなたは健全に進歩していますか？ 進歩がなければ仕事に戻り、進歩があれば遊びに出かけましょう。そうすれば、明日の仕事への活力がきっと湧いてきます。

アーティスト

Florian Aupetit
www.florianaupetit.com

パリに拠点を置く３Ｄジェネラリストで、フリーランスイラストレーター、コンセプトアーティストとしても働いています。あらゆるもの（特に古い絵画や写真）に興味を持っています。

Ioan Dumitrescu
www.ioandumitrescu.com

映画やゲーム業界で働くコンセプトアーティストです。主な仕事は、新しい世界を創造し、自身のアートを通じてストーリーを語ることです。

Ian Jun Wei Chiew
www.ianchiew.com

映画やゲーム業界で働くマレーシア出身のコンセプトアーティストです。現在、アメリカのシアトルにあるSIEの子会社 Sucker Punch Productionsに所属。また、フリーランスとしてもさまざまなプロジェクトに参加しています。

Jesper Friis
www.artstation.com/artist/maaskeikke

デンマーク出身のアーティスト。主にファンタジー世界を扱いますが、あらゆるフォームのビジュアルアートとデザインを試しています。自分でも把握できなくなるようなアイデアを好みます！

Sung Choi
www.sung-choi.com

韓国出身の受賞歴のあるコンセプトアーティストで、現在はワシントンのBungieで働いています。エンターテインメント業界のワールドデザイン、イラストを専門としています。

Katy Grierson
www.kovah.co.uk

物心つく前からずっと描き続けているKatyは、アートを仕事にできていることを光栄に思っています。いつも積極的な想像力で世界を築き、創造物を共有することに大きな喜びを見出しています。

Stephanie Cost
www.stephaniedraws.com

フリーランス イラストレーター。風景画を描くのが大好きで、神話とポップカルチャーから影響を受けています。作品には、その放浪癖と探究心が表れています。

Wadim Kashin
www.artstation.com/artist/septicwd

モスクワ出身の独学、そして、家族で唯一のアーティストです。当初、鉛筆と絵の具を使った伝統的な媒体でキャリアをスタートしましたが、デジタルに移行しました。

Danilo Lombardo

https://danilolombardo.
allyou.net/2209622

イタリア出身、独学のデジタルアーティスト。現在、ライティング テクニカルディレクター／CG ジェネラリストとして、映画・CM・ゲームムービーに参加しています。

Marcin Rubinkowski

www.artstation.com/artist/
marcinrubinkowski

ポーランド出身。フリーランスのシニア コンセプトアーティスト／イラストレーターとして、映画やゲーム業界で活躍しています。環境デザインを専攻し、情熱的に日々を過ごしています。

Alex Olmedo

www.artstation.com/
artist/alex_olmedo

スペインのコンセプトデザイナー／イラストレーターで、自然の風景に熱中しています。3年前にデジタルペインティングを開始してから、1度も振り返ることなく邁進しています。

Thomas Scholes

www.artofscholes.com

コンセプトアート／ビジュアルデベロップメントのフリーランス アーティスト。環境とプリプロを専門としています。自然環境・建築・文化・ムード・スタイルに関心があります。

James Paick

www.jamespaickart.com

Scribble Pad Studiosの創設者／クリエイティブ ディレクター。John J. Parkと共にカリフォルニア州バーバンクにあるBrainstorm Schoolの共同設立者でもあり、ゲームや映画デザインを考えている人に向けたコンセプトアート教育に熱心に取り組んでいます。

Noely Ryan

www.artstation.com/artist/enor

Egg Post Production 所属。映画・TV 業界で働いています。素晴らしいクライアントの大きな製品に携わっています。精一杯生きて働けることを誇りに思い、それを持続できるように努力しています。

Massimo Porcella

www.artstation.com/artist/max

イタリアのジェノヴァ出身。早い時期からデジタルとコンセプトアートを探求し始めました。ほぼ独学ですが、高度なマスタークラスやワークショップなどにも参加しています。

Donglu Yu

www.artofdonglu.wix.com/home

WB Games Montréalのリード コンセプトアーティスト。『デウスエクス ヒューマン レボリューション』『Far Cry 4』『アサシンクリード』シリーズなど素晴らしいタイトルに参加してきました。

スピードペインティングの極意
Master the Art of Speed Painting 日本語版

2017年4月25日 初版第1刷発行
2020年8月25日 初版第3刷発行

制　作	3dtotal Publishing
翻　訳	株式会社スタジオリズ
発　行　人	村上 徹
編　集	高木 了
発　行	株式会社ボーンデジタル
	〒102-0074
	東京都千代田区九段南 1-5-5
	九段サウスサイドスクエア
	Tel: 03-5215-8671　Fax: 03-5215-8667
	www.borndigital.co.jp/book/
	E-mail: info@borndigital.co.jp
レイアウト	株式会社スタジオリズ
印刷・製本	株式会社大丸グラフィックス

ISBN 978-4-86246-372-2
Printed in Japan

Master the Art of Speed Painting: Digital Painting Techniques. © 2016, 3dtotal Publishing. All rights reserved.
Japanese translation rights arranged with 3DTotal.com Ltd. through Japan UNI Agency,Inc.
Japanese language edition published by Born Digital,Inc. Copyright © 2017.

価格は表紙に記載されています。乱丁、落丁等がある場合はお取り替えいたします。
本書の内容を無断で転記、転載、複製することを禁じます。